四川地方文化资源保护与开发研究中心资助出版（DFWH2019-003）
四川省教育厅资助出版(17SA0023)
成都信息工程大学思政专项经费资助出版

国家工业遗产
洞窝水电站研究

丁小珊　编著

上海交通大学出版社
SHANGHAI JIAO TONG UNIVERSITY PRESS

内容提要

　　泸州洞窝水电站是中国近代史上第一个由中国人自主研发的水电站,2019 年被评选为国家工业遗产,在中国水电史上具有重要的历史地位。本书从洞窝水电站创建的时代背景、洞窝水电站百年历史变迁、洞窝水电站工业遗产的价值分析与保护、洞窝水电站开发策略等几个方面,总结了对洞窝水电站的研究成果;同时穿插了洞窝水电站创始人税西恒在水电站创建与发展过程中的传奇故事。本书既有对水电站的科普介绍,也有对人物科学历程的追根溯源,适合能源开发相关专业青年学者、能源管理相关人员及感兴趣的大众阅读。

图书在版编目(CIP)数据

　　国家工业遗产洞窝水电站研究/丁小珊编著.—上海:上海交通大学出版社,2021
　　ISBN 978-7-313-24844-2

　　Ⅰ.①国… Ⅱ.①丁… Ⅲ.①水力发电站－研究－泸州－民国
　　Ⅳ.①TV752.71

　　中国版本图书馆 CIP 数据核字(2021)第 064754 号

国家工业遗产洞窝水电站研究
GUOJIA GONGYE YICHAN DONGWOSHUIDIANZHAN YANJIU

编　　著:丁小珊
出版发行:上海交通大学出版社　　　　　　地　　址:上海市番禺路 951 号
邮政编码:200030　　　　　　　　　　　　电　　话:021-64071208
印　　制:苏州市古得堡数码印刷有限公司　　经　　销:全国新华书店
开　　本:710mm×1000mm　1/16　　　　　印　　张:9
字　　数:149 千字
版　　次:2021 年 5 月第 1 版　　　　　　　印　　次:2021 年 5 月第 1 次印刷
书　　号:ISBN 978-7-313-24844-2
定　　价:59.00 元

前　言

习近平总书记指出"文化自信,是更基础、更广泛、更深厚的自信"。文化是一个国家、一个民族的灵魂。今天,我们要建设伟大工程、推进伟大事业、实现伟大梦想,都离不开文化所激发的精神力量。而要继承好、发展好中国文化,就要加强区域文化研究,提炼区域文化精髓。挖掘和弘扬爱国主义历史文化,凝聚血浓于水的爱国情谊,传承税西恒的爱国主义精神是本书撰写的宗旨。国家工业遗产洞窝水电站研究有以下几方面的研究意义:

第一,税西恒和他创建的近百年历史的泸州洞窝水电站是近代川南地区区域文化的珍贵资源。它反映了四川社会精英为了实现实业报国的梦想,百折不挠的奋斗历程。加强这段历史的研究,总结提炼税西恒和洞窝水电站的现实价值,可以丰富区域文化资源,提升民众文化自信。

第二,就四川历史人物研究而言,税西恒经历了清朝、中华民国、中华人民共和国三个时代,被称为"中国小水电站之父",是近代中国杰出的教育家、政治活动家、工程师、九三学社重要创始人。因此,将他的生平事迹、思想放到历史背景下从史学的角度进行深入研究,挖掘出税西恒的爱国主义精神,供后人学习并传承具有重要的现实意义。税西恒是一名爱国知识分子,一生经历了三个历史时期,每个时期为了国家的进步、社会的变革,身体力行、不懈努力,奋不顾身、勇往直前,为中华民族伟大复兴,无私奉献了一生;他博学多才,用自己所学的精湛的科技知识,因地制宜,土洋并举,为四川的建设和工业现代化作出卓有成效的贡献。在教书育人方面也做了大量工作;他道德高尚,关注黎民百姓福祉,平易近人,助人为乐,刚正不阿,淡泊名利,廉洁奉公。他以国事为己任,前仆后继,临难不屈,关怀民生,这种可贵的精神,值得后人歌颂与传承。弘扬这种可贵的精神,可以使中华民族更加繁荣昌盛。

第三,泸州洞窝水电站是中国近代众多工业遗址之一,也是中国近现代第一个自主研发的水电站,在中国水电史上有重要历史地位。2018年底,"洞窝水电站抗战军工遗产群"被四川省经信委列入全省第一批省级工业遗产项目名单;2019年,又被列入中国工业遗产保护名录第二批名单。2019年底,洞窝水电站升级为国家工业遗产,得到国家层面的高度重视。但目前,泸州洞窝水电站还处在鲜为人知的状态,这与其历史重要性严重不匹配。在重视文化建设的新时代,泸州洞窝水电站如何充分利用名人效应,如何与泸州市文旅相结合,加强对洞窝水电站工业遗产利用的研究,使其成为当地区域文化名片,进而推动当地经济建设,值得思考探索。

第四,当下国内水电开发如火如荼,西南地区分布了众多中小水电站,作为第一座中国人自主设计建造、经营管理的水电站,其时代价值、科技价值、艺术价值等尚需总结提升,其建设经验亦值得总结。

本书编写分为六个部分。第一部分:主要回顾中国水能开发利用和水电站修筑发展历程。第二部分:主要讲述税西恒与洞窝水电站的创建,记录水电站设计、募资修建的艰难过程,重点对洞窝水电站创始人税西恒生平事迹进行回顾;第三部分:主要研究洞窝水电站的百年历史变迁、扩建及特点等;第四部分:主要研究洞窝水电站的科学价值、历史地位、艺术价值、区域影响和时代价值;第五部分:重点关注洞窝水电站作为工业遗产的保护利用现状;第六部分:对洞窝水电站工业遗产开发利用策略展开探讨。第六部分主要落实到现实问题,关注洞窝水电站工业遗产的开发利用。洞窝水电站是四川省川南地区重要的区域文化资源。洞窝水电博物馆也将成为泸州市重点项目。这部分总结了经验,进行了同类型工业遗产开发比较,讨论了洞窝水电站工业遗址如何开发利用,如何成为科普教育基地,以促进文化保护传承的可持续发展。

本书有以下几点特色:第一,对税西恒在泸州的贡献进行了系统的梳理。通过查询档案、实地查勘等方式进行梳理,纳入时代背景,从史学的角度进行考证叙述;第二,将税西恒修筑洞窝水电站的精神及洞窝水电站本身的价值意义进行概括提升,不简单停留在介绍、叙述层面,意图剖析其时代价值、区域影响、科学价值等,挖掘并丰富区域文化资源;第三,努力凸显泸州洞窝水电站的地位和价值,对该"活着的"工业遗产如何加以合理开发利用和提升知名度,做出了深入思考和现实探索。

　　本书有以下几点创新：第一，研究内容独特。本书重点论述洞窝水电站的现实价值及其开发利用。洞窝水电站于 2019 年成为国家工业遗产，研究内容是其他研究者尚未涉猎的领域，较为新颖。同时，本书聚焦四川历史名人税西恒。税西恒功绩显赫但鲜为人知，对税西恒生平事迹进行总结，对他在泸州的贡献进行系统的梳理，并将其作为文章的重要组成部分，亦是本书研究内容的独特之处。第二，研究方法创新。本书采用了宏观与微观相结合，纵向与横向相结合，个案与典型分析相结合，以及比较分析的方法，对税西恒及洞窝水电站进行了全方位的透视。

　　本书编撰得到了四川省泸州市龙马潭区政府和四川省社会主义学院颜旭教授的大力支持，他们提供了大量的文字资料和图片信息，在此一并表示诚挚的谢意！本书写作较为匆忙，不当之处请读者批评指正。

目　录

第一章

中国水能开发利用和水电站
修筑发展历程

　　水能的开发与利用,是与人力、畜能、火能和风能的利用相媲美的人类又一次为提高生产力而进行的科技革命。人类的水力应用历史悠久。世界上水力的应用在公元前 25 年前后就已经出现,东方的中国与西方的希腊几乎同时起步。直至今天的"核能、电子时代",水力仍然发挥着重要作用。

　　水力的运用导致了全世界出现科学技术的两次重大突破。人类对自然能利用的第一次革命是利用水流的势能作为动力驱动工具机做功,在蒸汽机——热能转化为动能发明前,它以其优越的技能贯穿人类社会 2 000 多年之久,这一时期中国长期处于领先地位;第二次突破是从水力的工业化运用到水电的诞生,由西方国家完成,大约经历了不到 100 年。随着近代水能转化为电能并广泛运用于工业领域的技术发展,工业文明开始了一个新的发展阶段。

　　中国自 19 世纪末开始从西方引进水力发电工程技术,后来逐渐开始自主建设、自主研发,特别是近 30 年来中国水电工程建设与科技水平飞速发展,目前已达到世界先进水平。

一、中国古代水能开发利用情况概述

　　在古代中国,封建经济的蓬勃兴旺曾为水力的技术进步注入过活力,中国古代在水力利用方面曾居于世界领先地位。李约瑟博士列举中国古代 26 项重要发明中的前三项就是翻车、水碾、水排。

　　春秋战国之前,古人已开始利用水能。古代先民最早对于水能的利用就是从发现并利用"水往低处流"这一现象开始的,"导引排泄",方便生产生活。对水能的利用开发最早可见于《禹贡》,该书记载了"导水"之法,先民早在商周时期即懂得利用水体本身的势能而形成动能自上而下流动的原理。进入战国时期,伴随社会经济的发展,人口的增长,城市规模的扩大,出现了中国历史上大型水利设施的建设高潮。最有代表性的是都江堰水利工程。其通过简单的技术手段,精确地分水、控水,利用水体自身的动能和势能,达到排沙、灌溉、通航的目的,使成都平原成为"水旱从人,不知饥馑"的"天府之国"。

水能利用发展到一定阶段,至秦汉时期则出现了以流水作为动力,带动水轮转动,从而进行生产加工的水力机械。水碓是最早出现的水力机械。据史料记载,西汉桓谭(约公元前23年—公元56年)《新论》已有"役水而舂"的水碓记载,水碓是一种利用水力将粮食脱壳的加工工具,是目前历史记载出现最早的水力机械,距今有近2000年的历史。此后千余年,水能主要运用于农业生产。可见,在中国,用简单机械开发水能,代替繁重的体力劳动,有逾千年的历史。

最早的水力机械是利用水的重力做功,后来利用水的动能冲击轮子运动,水力得以广泛应用。水轮机械种类繁多,根据其工作目的可以将这些水力机械分为农田灌溉、农产品加工、手工业生产三类。农田灌溉机械如水转翻车、水转筒车、高转筒车等;农产品加工机械如水碓、水碾、水砘、机碓、槽碓以及"水转三事"等;手工业生产机械如水排、水转大纺车等。这些水力机械中使用最广泛的是水碓,水碓有两种类型:一为直接靠水的自重,通过杠杆上下运动而工作,又名槽碓,如图1-1(a)所示;二为由水轮将水能转化为动能,通过动力轴拨动碓杆而工作,如图1-1(b)所示。前者效率较低,多引山溪或泉水;后者动能较大,工作效率高。桓谭记载的水碓应为水轮传动。

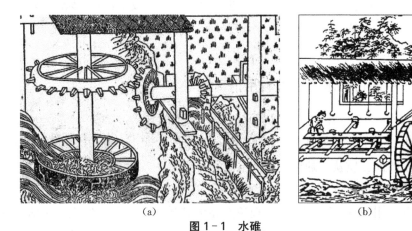

(a)   (b)

图1-1 水碓

(a)以水流的势能做功的槽碓;(b)以水流动能转化为机械能的连机碓

图片来源:徐光启(明代)《农政全书》

　　自魏晋南北朝始,利用水碓进行谷物加工更多地出现于文献记载中。权势之家往往霸占水源,广置水碓,以此为一种重要盈利产业。至公元5世纪,还出现了水磨、水碾、水罗等。北魏时期,崔亮在担任仆射期间,上奏"于(洛阳)张方桥东堰谷水造水碾磨数十区,其利十倍,国用便之"。至唐代,水力加工达到鼎盛时期。有关水利的法令将私设碾硙及碾硙用水宜禁列入相关规定之中,并严格执行。唐宋时期,水力机械向民间广泛普及,从皇族、豪门世家的私产到官府控制的产业进入寻常百姓家。公元12至14世纪时,蒙古、西藏、新疆等地水磨和水经轮已经是粮食加工的寻常机械。与此同时,还出现了用于灌溉和提水的筒车和用于纺织的水纺车。水力筒车即将汲具系在水轮上,自动运转而提水的装置,在8世纪时已经出现。陆游游历四川时就曾写诗提到"硙轮激水无时息,酒旆迎风尽日摇"。说明筒车在宋代已经流行于民间,在西南地区都遍布着大大小小的水力灌溉机械,筒车在以后及至近代仍是农村常用的提水机械。

　　随着经济重心的南移,加之南方地形复杂多变,水能的利用形式在宋元时期也更丰富多变。也是从这一时期,各种关于水能机械的介绍和水能利用的方法开始被广泛记载于专业的农学著作中,如王祯《农书》就有《灌溉门》《利用门》两章对于水能机械以及用于灌溉引水、控水装置有着全面系统的介绍。王祯在书中还介绍了以水能作为原动力的可以安装32个锭子的水转纺车。古代的大纺车长二丈多,宽五尺左右,宋元时用来纺苎麻。其水力部分"与水转碾磨之法俱同",即在临流处安置水轮,并通过机械传动,带动纺车转动。王祯《农书》不仅对水能利用的经验进行了总结,还提出了不同的水力机械,需要水力的大小不同,因此要根据不同的水力设置不同的水力机械这一创新的观点[1]。水车使用如图1-2所示。

　　明清两代,由于以小农经济为基础的经济体制的束缚,水能利用的规模受到局限,这阻碍了水能利用的进一步发展,传统的水能利用进入停滞状态,水力主要用在粮食加工、灌溉等方面,没能像西方一样走向规模化、标准化的道路。明末清初出现了以徐光启为代

图1-2　古代水车使用图

图片来源:宋应星(明代)《天工开物》

表的一批中国近代科学先驱,徐光启的《农政全书》对水利做了重点论述,其中对用水方法概括为"用水五术",除了具体论述"用水之法",徐光启还在王祯《农书》的基础上,对各种水能灌溉器具、加工器具进行了逐一介绍。尤为值得一提的是,他还介绍了西方先进的水能利用技术,希望以此改变中国的水能利用停滞的状态。

二、近代以来中国水电开发历程

中国现代意义上的水电建设的起步,发轫于 20 世纪初"民族资本主义的短暂春天"。第一次世界大战爆发,欧美各国忙于战争,暂时放松了对新成立的中华民国的经济侵略,我国民族工业得以短暂发展,水电事业就在这样的困境中艰难起步。抗日战争期间,战火纷飞,电力设备在拆迁和战火中损失惨重,国民党政府南迁重庆后,为解决大后方电力供应问题,在西南大后方建设了一些小规模水电站,由此促进了战时水电的开发。至 1949 年,我国水电装机 36.33 万千瓦,总装机容量居世界第 20 位。总体而言,中华人民共和国成立之前的近代水电建设得比较迟、规模小、数量少、技术水平低,但经过长期的努力,也获得了一定的成绩。

(一) 20 世纪初至抗战前夕的水电建设

中国水电建设的起步相对于欧美约晚 30 年。1911 年中华民国建立后,我国民族工业得以发展,水电事业在困境中艰难起步。至抗战前夕,中国大陆建成的水电站主要有石龙坝、洞窝、夺底等,总装机容量仅为 2 600 千瓦左右。抗日战争期间,国民党政府建设了一些小规模水电站。这一时期,较有影响力的水力发电站有以下几个:

1. 中国第一座水电站:台湾龟山水力发电站

近代中国水电事业最早在台湾得到发展。台湾是中国最大的岛屿省份,地跨北回归线的两侧,属亚热带海洋性气候,雨量丰沛,多年平均降雨量为 2 515 毫米,总降水量为 905 亿立方米。台湾河流众多,共有 129 条,其特点是河流短而坡度大、流量丰枯悬殊、输沙量很大。

早在 1888 年,台湾近代化建设的先驱刘铭传巡抚在台北市创立"兴市公司",建设电灯厂,从国外购进蒸汽发电机组,建成发电。同时计划在台北市附近的淡水河新店溪开发建设龟山水电站。中日甲午海战后,清朝于 1895 年割让台湾,台湾成了日本的囊中之物。1902 年,日本实业家土仓龙治郎为植林伐木之需,向总督府提出开发龟山水电的计划,但旋即因为资金问题,不得不求助台湾总督府,在台湾总督府的支持下,1903 年,总督府接手龟山水力发电站的建设工作,并于 1904 年建成龟山水电站(见图 1-3),装机容量为 600 千瓦。这是台湾水电事业的开端,也是中国的第一座水电站。随后的台湾,1934 年建成日月潭一级水电站,利用水头 302 米,装机容量为 10 万千瓦;1937 年建成日月潭二级水电站,利用水头 122 米,装机容量为 4.35 万千瓦。

图 1-3 1905 年建成的龟山发电厂

图片来源:http://www.hydropower.org.cn/showNewsDetail.asp?nsId=8598

2. **中国大陆的第一座水电站:石龙坝水电站**

1885 年中法战争后,法国侵略势力为了更便捷地掠夺云南资源,开始修建滇越铁路,由于需要用电,于 1908 年胁迫清朝滇政府准其在滇池出口的螳螂川上游建水电站。面对外国侵略者咄咄逼人的态势,1909 年云南各界爱国人士酝酿以商界为主官商合办石龙坝电站,成立了"云南耀龙电灯股份有限公司",向社会招股筹资,与此同时,公司向德国外商订购设备,聘请德国工程师。石龙坝水力发电站于 1910 年 7 月正式开工,由云南地方创议商办,交由德商礼和洋行承包设计和施工,并向西门子洋行订购机组,于 1912 年 5 月开始发电(见图 1-4),最初安装两台 240 千瓦水轮发电机组,以后陆续扩建,到 1937 年装机容量达 2 200 千瓦,直到 20 世纪 50 年代前,总装机容量一直维持为 2 920 千瓦。这是中国人出资、聘请法国人设计安装的第一座水力发电站,创造了中国水电建设史上"第一座水电站、第一座抽水蓄能电站、第一条高电压输电电路、第一支电力营销队伍、最早电力设备国际招标和最早电力法规"六个第一。如今,昔日的发电机组已不再发电,成为集"文物、教学、旅游、发电"为一体的综合型电站。1993 年石龙坝水电站被批准为省级重点文物保护单位,1997 年成为云南省爱国主义教育基地。2006 年 5 月 25 日,它被国务院批准列入第六批全国重点文物保护单位名单。2018 年,石龙坝水电站入选中国工业遗产第一批保护名录名单。

图 1-4　1912 年建成的石龙坝水电站

图片来源:http://big5. xinhuanet. com/gate/big5/www. yn. xinhuanet. com/reporter/
2018-03/23/c_137059755_4. htm

3. 中国第一座自主设计的水电站:洞窝水电站

洞窝水电站位于四川泸州市郊,于 1921 年正式筹建(见图 1-5),1922 年开工,1925 年发电,最初安装一台 175 千瓦水轮发电机组,继而兴建蓄水库,并增装第二台 300 千瓦机组。1943 年,水电站改建,安装了两台 500 千瓦机组,至今仍在运行中,这是我国第一个自己设计施工兴建的水电站。

图 1-5　1921 年筹建的洞窝水电站(摄于 2020 年)

　　20世纪20至40年代,四川早期的水电工程还有:1926年,在成都市外南洗面桥建成一个10千瓦的小水电站。1930年,在成都府河猛追湾修建100千瓦的小水电站。1933年,在四川金堂县青白江建成玉虹水电站,装机容量为40千瓦,所发电除一部分供照明外,其余供给农田灌溉用电,这是最早供应电力提水灌溉的水电站。

　　4. 少数民族地区第一座水电站:西藏夺底沟水电站

　　西藏拉萨市郊的夺底沟水电站(见图1-6)也是我国兴建较早的一个水电站。1913年西藏十三世达赖派青年强俄巴•仁增多吉去英国学习发电技术,学成归国之时,强俄巴将噶厦政府在英国订购的一台125马力水轮发电机组运回西藏。夺底沟水电站1924年报批,于1925年动工,1928年建成发电;主要给当时的藏币制造厂和拉萨极少数贵族、寺院供电,有7.5公里线路。由于设备质量低劣,管理不善,夺底沟水电站因机组老化失修不能正常运行,于1944年停止发电。

图1-6　夺底沟水电站遗址

图片来源:https://www.360kuai.com/pc/9576bf4f9a818eeae? cota＝3&kuai_so＝1

此外,福建、河南、广东等地也修建有一些小型的水电站。

　　抗战前夕的水电站建设,以区域照明和工厂供电为主,技术和设备多是全面引进,资金集股以商筹为主。外聘技术人员和留学归国的技术人员将西方最新的土木、电力工程技术和电站管理、电力营销方式引进并消纳。

　　(二)抗战爆发至1949年的水电建设

　　抗日战争、解放战争时期战火纷飞,刚刚起步的水电事业受到极大打击,电力设备在拆迁和战火中损失惨重。但这一时期,国统区、解放区和日占区也有一些水利建设,概述如下。

1. 伪满洲国水电站

抗战爆发后,日本人为了掠夺我国东北资源,在东北地区开始建设大型水电站。其中,最有代表性的是吉林省松花江上的丰满水电站。丰满水电站于1937 年 4 月开工,坝型为混凝土重力坝。坝高 91 米,坝顶长 1 080 米,当时有8 台发电机组,1942 年 8 月截断江流,开始蓄水,1943 年 3 月其中两台机组开始发电。丰满水电站先后有 12 万多的中国劳工饱受奴役、摧残,至 1945 年8 月日本无条件投降时,电站总装机容量达 13.25 万千瓦,整个坝体混凝土量完成 89%,水轮发电机组安装仅完成了 50%。日本侵略者为了适应战争需要,急于发电,只顾抢工,不顾质量,大坝残缺不全,质量低劣,千疮百孔,岌岌可危。1949 年后,中国人民政府立即着手开展了恢复建设工作,于 1953 年完成续建工程(见图 1 - 7),1960 年完成改建工程。此外,日本人还于 1937 年和 1938 年相继开工兴建了中朝界河鸭绿江的水丰和牡丹江上游的镜泊湖水电站。丰满水电站是我国境内最早的大型水力发电枢纽,当时亚洲最大的水电站、亚洲最大的水力发电组;在修建中国劳工死亡数千人,是日本侵华的历史见证。

图 1 - 7　1941 年拍摄的建设中的丰满大坝

图片来源:https://www.163.com/dy/article/E29SFKO00514S6V4.html

2. 解放区水电站

20 世纪 40 年代,为支援解放战争,在晋察冀和冀鲁豫边区兴建了几座水电站,主要如下:1942年2月,太行山深处,在邓小平、刘伯承和李达等同志的亲自主持下,在河北省涉县兴建了装机容量为10千瓦的赤岸水电站,向八路军一二九师刘邓司令部供电。1944年7月,在河北省涉县西达村兴建了装机容量为28千瓦的西达水电站,向八路军刘伯承部队和第三军工厂供电。1945年3月,在河北省涉县和辽县(现山西省左权县)兴建了装机容量为10千瓦的茅岭底水电站,向太行银行提供了动力和照明用电。1947年5月,原驻张家口的三十三兵工厂迁到平山县沕沕水附近,为了解决兵工厂的用电需要,于同年7月1日开工建设装机容量为155千瓦的沕沕水水电站。电站于1948年1月25日由朱德总司令剪彩发电后,即架设46公里2340伏输电线向兵工厂供电。1948年5月,党中央和毛主席迁至西柏坡后,沕沕水水电站组织突击队用7天时间架设27公里专用线,向党中央驻地供电。

3. 国统区水电站

这一时期,随着大量水电专业人才的留学归国,促进了水电事业的快速发展,特别是西南地区。尽管多数水电站为径流引水式小型水电站,装机容量不过100千瓦左右,但是这些由我国技术人员设计和主持施工的水电站的建设,为后来的水电事业培养了人才。其中规模较大、技术较先进的如下:1941年8月开始发电的四川长寿桃花溪电站,共安装3台292千瓦机组,总装机容量为876千瓦。1944年1月开始发电的下硐水电站,装机容量为3000千瓦,是国民政府投资兴建的水电站中规模最大的水电站。于1944年兴建的重庆高坑岩水电站,设计水头32米,装机容量为160千瓦,全部发电设备、输电设备均由我国机电工程师吴震寰设计、民生机器厂制造,是第一座全部采用国产设备的水电站。1945年的贵州梓桐天门河水电站,装机容量为1000千瓦,采用当时美国制立轴混流式机组,称为"抗战期中最新型之水电厂",全部机电设备由我国技术人员自己安装[2]。近代中国早期水电站如表1-1所示。根据1950年《全国水力发电工程会议决议》资料,当时统计全国已开发的大小水电站有57处,共计装机容量约为58万千瓦。

表1-1　近代中国装机容量在100千瓦以上的水电站一览表

序号	地区	电站名称	所在河流	装机容量/千瓦	开工日期	第一台机组发电日期
1	台湾	龟山	新店溪支流	600	1905年	1905年
2	云南	石龙坝	螳螂川	2920	1910年7月	1911年10月

（续表）

序号	地区	电站名称	所在河流	装机容量/千瓦	开工日期	第一台机组发电日期
3	台湾	日月潭	浊水溪	100 000	1919 年 8 月	
4	四川	洞窝	龙溪	1 140	1922 年	1925 年
5	四川	成都兴业	锦江	90	1930 年	1930 年
6	福建	南平西芹	西溪	132	1932 年	1931 年
7	广东	台山华侨	大隆洞	115	1932 年	1937 年
8	福建	桂口	西洋溪	264	1938 年	1940 年
9	辽宁	水丰	鸭绿江	630 000	1937 年	1941 年 8 月
10	四川	桃花溪	桃花溪	876	1938 年 1 月	1941 年 8 月
11	黑龙江	镜泊湖	牡丹江	36 000	1938 年	1942 年 6 月
12	四川	隆西河	隆西河	150	1941 年	1942 年
13	吉林	丰满	松花江南源	132 500	1937 年 4 月	1943 年 3 月
14	海南	东方	昌化江	7 500	1942 年	1943 年 11 月
15	广西	光明	贺江	108	1942 年	1943 年 11 月
16	云南	南桥	泸江	1 792	1937 年	1943 年
17	四川	下硐	龙溪河	3 000	1939 年 10 月	1944 年 1 月
18	四川	仙女硐	渡河	520	1940 年 8 月	1944 年 8 月
19	四川	鲸鱼口	瀼渡河	136	1941 年 4 月	1944 年 8 月
20	青海	西宁	北川河	198	1944 年 4 月	1945 年 10 月
21	贵州	桐梓	天门河	1 000	1940 年	1945 年
22	四川	东河	东河	264	1942 年	1945 年
23	四川	高坑岩		160	1943 年	1945 年
24	甘肃	王家磨	藉河	180	1944 年	1945 年
25	四川	白沙	驴子溪	200		1945 年
26	陕西	武家沟	袁惠渠	160	1945 年 5 月	1946 年 6 月
27	云南	玉龙	西洱河	200	1944 年	1946 年
28	四川	石溪壕	涪江	162		1947 年
29	河北	沕沕水	滹沱河	155	1947 年 7 月	1948 年 1 月
30	四川	明台	涪江	180		1948 年

转引自《洞窝水电站价值评估及对比研究报告》（报告编号：JZ0203A142018－061 泸州龙马潭区"两馆办"提供）

由表 1-1 可见,我国水电事业创建于 20 世纪 20 年代,当时水电站开发权为列强把控,主要技术人才来自欧美国家。20 世纪 20 年代以后,水电开发权回归中国,欧美留学归国的技术人才逐渐成为水电建设设计和施工主力。但水电工程是一项综合性、系统性的工程,涉及科技、政治、经济与社会等诸多方面,不仅需要工程技术人员提供技术,也需要政府和社会组织机构提供资金、人力和政策的支持。辛亥革命以后,国内军阀混战、灾荒频繁,社会经济遭到严重破坏,政府和社会组织均无力进行水电开发。而且作为新兴事业,人们对水电效用的认识还需要一段认知的时间,当时人们也普遍认为我国水力资源贫乏,重视不足,且对其开发毫无信心。据资料统计,1937 年以前全国建成的小水电站仅有 18 座。国民政府在其编制的《十年来之经济建设(1927—1937)》里对全面抗战前的水电开发有如此评价:“我国目前水力极其落后,发电容量及发电度数皆不及全国百分之一。故言吾国水力未开发,未始不可也。”[3]洞窝水电站是我国第一座由中国人自己设计、施工、运行管理的水电站,带动了我国西南第一代水电站的兴建,是 20 世纪早期中国水电事业发展最重要的奠基之作。抗战爆发后,国民政府西迁至西南地区,为获得动力资源,大力倡导水电开发,洞窝水电站为战时经济发展亦作出了贡献。

三、中华人民共和国成立以来中国水电开发历程

中华人民共和国成立后中国水电开发经历了三个阶段——新中国成立初期、社会主义建设时期、改革开放时期。前两个阶段水利治理侧重修建水库大坝。改革开放之后,尤其是在世纪之交,各种巨型、大型水电站拔地而起,中国成为名副其实的水电大国。

新中国成立初期,面对严重的水旱灾害,中央人民政府确定了“防止水患,兴修水利”的治水方针,致力于水旱灾害的救治和水利设施的建设。最早开始治理的是淮河,1951 年,建成了 168 公里的苏北灌溉总渠,可蓄洪水 4 700 万立方米的石漫滩水库,1952 年,又兴建了白沙水库和板桥水库,到 60 年代,治淮工程取得了决定性的胜利,建成了佛子岭、梅山等 10 余座大型水库及几百座小型水库,建成了 4 个大的蓄洪工程和 18 个行洪区。这一时期最有代表性的水电站是新安江水电站。新安江水电站是新中国第一座自主设计、自制设备、自行施工的大型水电站,被誉为“长江三峡试验田”,成为社会主义制度能够集中力量办大事的范例,也被看作是中国水电事业的丰碑,它拉开了中华人民共和国成立后水电建设的序幕。随后,1957 年,黄河上第一座水电站——三门峡水

电站开工建设。之后 30 多年,黄河干流已建成刘家峡、监锅峡、青铜峡、三门峡、万家寨、小浪底等一系列水利建设工程。1952 年,荆江分洪工程也拉开了长江治理的帷幕,紧接着,长江流域丹江口工程、葛洲坝工程、三峡工程一个个成为举世瞩目的重量级水利工程项目。

1975 年,新中国水电建设史上又一座里程碑——首座百万千瓦级水电站刘家峡水电站建成,此后中国又陆续建设了一批百万千瓦级的水电站。可以说,现在的水利设施大部分都是以前"水利运动"所留下的产物。据《中国水利年鉴》统计,1990 年底共有水库 83 387 座,其中库容大于 1 亿立方米的大型水库有 366 座,而 1 000 万至 1 亿立方米的中型水库则有 2 499 座,1 000 万立方米以下的小水库有 80 522 座。

世纪之交,更有二滩、小浪底、天生桥一二级水电站建成投产。以三峡、南水北调工程投入运行为标志,中国进入了自主创新、引领发展的新阶段,先后竣工的小湾、龙滩、水布垭、锦屏一级等工程,建设技术不断刷新世界纪录。到 2000 年,中国水电装机容量达 7 700 万千瓦,超过加拿大,位居世界第二。2004 年,中国水电装机容量突破 1 亿千瓦,超过美国,溪洛渡、向家坝、小湾、拉西瓦等一大批巨型水电站相继开工建设,跨世纪的世界第一大水电工程——三峡水电站建成。2010 年,以小湾四号机组投产为标志,中国水电装机已突破 2 亿千瓦,成为世界水电装机第一大国,也是世界在建规模最大、发展速度最快的国家,中国成为世界水电创新的中心[4]。

当代中国主要的大型水电站如表 1-2 所示。

表 1-2　当代中国装机容量在 300 万千瓦以上的水电站一览表

电站名称	建设地点	所在河流	装机容量/万千瓦	年发电量/亿千瓦时
三峡	湖北宜昌	长江	1 820	847
溪洛渡	云南永善、四川雷波	金沙江	1 386	571.2
白鹤滩	云南巧家、四川宁南	金沙江	1 200	568.7
乌东德	云南禄劝、四川会东	金沙江	1 020	387
向家坝	云南水富、四川宜宾	金沙江	600	307.47
糯扎渡	云南思茅、澜沧	澜沧江	585	239.12
龙滩	广西天峨	红水河	540	187.1
锦屏二级	四川木里、盐源、冕宁	雅砻江	480	242.3
小湾	云南南涧、凤庆	澜沧江	420	190

（续表）

电站名称	建设地点	所在河流	装机容量/万千瓦	年发电量/亿千瓦时
拉西瓦	青海贵德、贵南	黄河	420	102.23
锦屏一级	四川木里、盐源	雅砻江	360	166.2
瀑布沟	四川汉源、甘洛	大渡河	360	147.9
丰宁抽水蓄能	河北丰宁	潮河	360	34.24
二滩	四川盐边、米易	雅砻江	330	170.4
构皮滩	贵州余庆	乌江	300	96.67
两河口	四川雅江	雅砻江	300	110.62
观音岩	云南华坪、四川攀枝花	金沙江	300	122.4

部分转引自芮孝芳主编，胡方荣、石朋、姚成副主编的《中国地学通鉴水文卷》，陕西师范大学出版总社有限公司，2018，289-290.

参 考 文 献

[1] 许臻.中国古代水能利用研究[D].南京：南京农业大学，2009：15.

[2] 李云鹏，张伟兵.洞窝水电站价值评估及对比研究报告[R].北京：中国水利水电科学研究院，2018(7)：32-40.

[3] 谭熙鸿.十年来之中国经济上册(1936—1945)[M].北京：中华书局，1948：1.

[4] 芮孝芳，胡方荣，石朋，等.中国地学通鉴水文卷[M].西安：陕西师范大学出版总社有限公司，2018：289.

第二章

洞窝水电站的创始人——税西恒

洞窝水电站创始人——税西恒（1889—1980），又名税绍圣，四川泸县白云乡人，是我国著名的爱国民主人士、社会活动家、九三学社的重要创始人、杰出的水电工程专家和教育家，被称为中国水电第一人。税西恒一生经历了晚清、中华民国、中华人民共和国三个历史时期，他早年参加同盟会，1912年公费考入柏林工业大学学习，1919年回国，1925年建成济和水电站，1932年建成重庆第一个自来水厂；他曾先后任四川兵工厂总工程师、重庆大学工业学院院长、蜀都中学校长、重华学院院长、九三学社中央委员会副主席等职。他一生功绩显赫，为四川建设和工业现代化作出了卓有成效的贡献。他的实业救国、爱国义举体现了旧式知识分子为中华民族做出的不懈努力，他在三个历史时期的经历——革命救国、实业救国、教育救国、联共救国也反映出旧式知识分子的转变。他一生积极参加民主进步运动，努力实践科学救国、实业救国、教育救国的思想，与中国共产党亲密合作，为实现中华民族的伟大复兴，为争取民主、推动科学事业的发展作出了积极贡献。目前，人们对洞窝水电站创始人税西恒的研究有了一定的成果。泸州作家刘盛源著有《税西恒传》[1]，该书对他的光辉一生分阶段进行了展示，图文并茂，十分生动，但该书作为人物传记，文学色彩较重。九三学社近年来也开始着力税西恒研究，郭祥研究员将部分研究成果上传网络，其研究侧重税西恒的生平介绍及其在九三学社中的杰出贡献。2018年九三学社支持的《九三学社人物丛书》项目包括了《税西恒传》，但暂时还没有出版。关于税西恒的论文多为介绍类刊物。通过中国知网搜索可知，主题为税西恒的文章共10余篇，如《致力实业报国的税西恒》《建设达人税西恒重庆第一座自来水厂轶事》《税西恒事略》等，这些文章对税西恒在泸州或重庆作出的贡献做了详细介绍。扩大搜索范围可见，《解放前的四川水电》《四川水电建设五十周年》《水电科技精英与新中国水电开发研究》等论文对税西恒在水利事业方面的贡献有一定介绍。总体而言，与税西恒相关的研究多集中在九三学社创建、重庆市政建设领域,主要停留在单个人物介绍,对税西恒的研究深度还不够。本章将重点对洞窝水电站创始人税西恒展开介绍。

一、革命动荡年代的青年立志

税西恒出生在一个衰落动荡的时代。在他出生前,中国刚刚经历了中法战争,这是一场"法国不胜而胜,中国不败而败"的战争。清政府在取得了震惊中外的镇南关大捷的情况下,害怕继续作战不利,遂未在如此有利的情况下继续追击,扩大战果,而是强行撤兵,在清朝保有某种军事优势的情况下主动求和,并以军事胜利为资本加紧谈判,最终同法国签订了丧权辱国的《中法新约》,法国在作战失利的条件下反而取得了侵略权益。随后,1894 年爆发了中日甲午战争。中国战败签订了《马关条约》,中国彻底沦为半殖民地半封建社会。国运式微的同时,先进的中国人开始探索新的救国道路。以梁启超、谭嗣同为首的维新志士引领了号称"百日维新"的变法,但因变法损害到以慈禧太后为首的守旧派的利益而遭到强烈抵制与反对。1898 年 9 月 21 日慈禧太后发动戊戌政变,光绪帝被囚,康有为、梁启超分别逃往法国、日本,谭嗣同等"戊戌六君子"被杀,历时 103 天的变法失败。税西恒就是在这样风雨飘摇的时代背景下于1889 年出生在四川泸县白云场团山堡(今泸县太伏镇王湾村)。

税西恒父亲税九章育有四子五女,西恒子行三。税西恒出生后,其父九章希望这个小生命将来能有所作为,并论字辈给他取名税绍圣,取继承和发扬圣贤、高品、雅德之意。税九章和长子东渠都是清朝秀才,次子南承年轻时就赴上海求学,并留学日本,税西恒就成长在这样的书香家庭氛围下。

(一) 少年求学

从 8 岁到 16 岁,税西恒一直在当地私塾读书,他通晓经、史和诸子百家,积淀了深厚的中国传统文化素养,并立志精忠报国。他曾作《读杜甫诗作》诗,畅"赴难肝肠烈,持躬国士操"以铭志。

1906 年,清廷废除了延续一千多年的科举考试制度,各地新学蓬勃兴起,且入学条件宽松,读书人有了更多的选择。1906 年,税西恒告别家乡私塾,只身来到成都求学,考入成都嘉定中学读书(现在乐山市)。但该学校管理比较松散,知识教授不系统,税西恒平时上课学习,到了农忙时节,他就回家帮着耕种打禾。为了更好地开眼界、看世界,同年底,税西恒带着对知识的渴望,离开了嘉定中学,跟随二哥税南承到了大都市——上海,就读于刚刚创办不久的上海中国公学中学班[2]。

　　来到上海求学是税西恒读书生涯的一个重要转折点。中国公学是晚清培养先进知识分子的摇篮，第一批学生中有鉴湖女英雄秋瑾等。其后，梁启超、胡适都曾担任上海中国公学的董事长、校长，缔造了中国公学发展的黄金时代。中国公学分大学班、中学班、师范班、理化专修班等。税西恒被分配到中学班，他在这样的名校就读，受益匪浅，眼界学识都获得巨大提升。在这里，他结识了众多良师益友，四川军政学界知名人士熊克武、罗元淑等人参加筹办或任教员，他们都与税西恒成为挚友，红岩烈士周均时也是他的同学。在浓郁的民主革命气氛熏陶下，税西恒较快实现了思想转变，认识到维新运动不能拯救中国，并开始向革命派靠拢，积极投入推翻清朝专制统治的资产阶级民主革命运动中。

　　1908 年，税西恒结束了中国公学充实的学习生涯，考入青岛高等学堂（现青岛大学前身）。青岛高等学堂由中德两国政府合办，1909 年 10 月正式开学，由德国人任首任监督，中国人为总稽察，设预备科和高等科。预备科开设德语、数学、自然、地理、物理、化学和中学（即经科）等；高等科分为法政科、医学科、工艺科和农林科。学校所有专业课程均使用德文课本，并由德国人担任教员。在学校，税西恒被分在工艺科。性格沉稳的他在这里可以说如鱼得水，工艺科分为建筑学、机械电气工学和采矿冶金学等专业，他主修机械电气工学，学制为四年。学生除在校学习外，还可去工厂实习。在这里，他勤奋学习，熟练掌握了德语及机械电气、建筑基础知识，为他后来到德国留学打下了很好的基础。

　　税西恒在青岛就读期间，正是中国革命风起云涌之时。这一时期，热血青年税西恒与革命党人越走越近，在 1911 年由汪精卫、李石曾介绍加入同盟会，至此时 22 岁的他开始了真正意义上的革命之路。税西恒曾作为暗杀组成员，参与了刺杀载泽的计划。不料暗杀行动暴露了行踪，暗杀组的部分成员被捕壮烈牺牲，而税西恒将手榴弹放进茶叶桶，行为非常镇定，侥幸逃脱一难。1911 年 10 月 10 日晚，新军工程第八营的革命党人打响了武昌起义的第一枪。革命军的炮火和民主共和意识的普及，以摧枯拉朽之势推翻了清政府[2]。1912 年 1 月 1 日，中国建立了第一个资产阶级共和国。革命大功告成，在民国成立之初，税西恒做出了一个新的选择——出国留学。

（二）出国留学深造

　　民国元年（1912 年）4 月，李石曾、吴玉章、吴稚晖、张溥泉、齐竺山等人，在时任南京临时政府教育总长蔡元培的大力支持下，在北京正式发起成立了"留法俭学会"，以达到"输世界文明于国内""改良社会"之目的。税西恒作为国民革命政府在革命中立功的青年,面临两种选择:一是到国民革命政府任职,二是公费赴德国留学。在那时,爱国青年们普遍的认知是国家治理应该由那些年长的具有一点世故经验的同志们,也就是政治家担负,他们这些年轻人应该科学救国、实业救国,安心做一名技术人员就可以搞好国家,所以通通要求学实用自然科学。税西恒当时的想法与同时代青年一样,他经过思索,认识到祖国要强大,关键在科技,基础在教育。为了改变积贫积弱的祖国,为了实现自己报效祖国的理想,他毫不犹豫地选择了赴德国留学,立志学成后报效祖国。

1912年,税西恒作为第一批公费赴德留学的青年,与朱家骅、周均时等有志青年同行,怀揣实业救国的理想,漂洋过海,进入德国柏林工业大学机电系学习。柏林工业大学历史悠久,是柏林地区唯一的理工科大学,也是德国最大的工科大学。在德国留学的五年里,税西恒没有休息过一个节假日。其时正值第一次世界大战,战事吃紧,德国食品供应紧张,物价暴涨,民众生活物资极度匮乏,学校的饮食也时常难以为继,很多学生都因此退学了。在如此艰苦的生活条件下,税西恒常常饥肠辘辘,仅靠土豆度日。但他仍然勤奋攻读,学业不曾有丝毫懈怠,一心想着尽可能多学习一些科学知识,以便报效祖国,改变祖国贫穷落后的面貌。在完成本专业机电系(当时机械电机同属一个专业)学业的同时,还选修水利、建筑、采矿等多门课程。他的学习成绩总是名列前茅,受到了教授和同学们的尊重。

1917年,经过四年的课堂学习、一年的工厂实习,税西恒以优异的成绩从柏林工业大学毕业,而且获得了德国国家工程师的称号。毕业后又在丹马文德飞机场实习一年,由于当时第一次世界大战未结束,交通受阻,无法回国。迫于生计,税西恒受聘为德国鼎鼎有名的西门子电气公司的设计工程师。西门子公司创立于1847年,总部位于慕尼黑。在过去150多年的历史中,公司创始人从发明家成为举世瞩目的企业家,公司从小作坊已发展成为现今的世界上最大的跨国集团公司之一。公司所涉及的业务领域繁多,囊括了能源、医疗、工业及基础建设与城市建设业务等方面。公司特别重视员工在知识、经验、能力三方面的能力。其有效的沟通机制也是西门子能成长为世界级企业的一大重要原因。税西恒能应聘为西门子公司的设计师,也印证了他的优秀。

二、实业救国、教育救国道路的实践

税西恒留学欧美,直接感受到了资本主义的物质文明和发达的科学技术,他在五四运动前夕回到中国,身体力行,开始了实业救国的探索。

（一）实业救国道路的实践

税西恒回国十余年时间，身体力行开始实业救国道路的实践，修建了济和水力发电厂（简称济和电厂），重修了泸州钟鼓楼，创办了重庆自来水厂，合伙创办了多家企业，成为西南地区赫赫有名的实业家。

1. 实业救国思想的形成

税西恒虽出生偏安西南一隅，但报国赤诚之心灼灼。青年时期的税西恒经历了维新救国、革命救国、实业救国思想的转变。

小时候受"康梁"影响，少年税西恒认为维新道路是正途。在师友的启迪下，税西恒逐渐明白了维新失败的主要原因在于维新派缺乏正确的理论指导。康有为的《新学伪经考》指责西汉的古文经书全系刘歆伪造，《孔子改制考》将孔子打扮为"改制立法"的祖师爷。两书都没有充分的、有说服力的证据，不用说守旧派反对，当时的一些开明人士也不赞成。除此之外，维新派还缺乏坚强的组织领导，脱离广大人民群众，只寄希望于没有实权的皇帝和极少数的官僚，甚至对帝国主义抱有不切实际的幻想。这导致了税西恒对康梁一派渐渐地失望，感觉到清朝异族政权的腐败专横，他虽还未加入革命党，但已开始积极参加资产阶级民主革命活动。

1911 年，税西恒加入同盟会，并加入了京津同盟暗杀组，投入实际的暗杀行动中。1912 年 2 月 12 日清帝宣布退位，京津同盟会解散，税西恒即选择了实业救国的道路。

民国初年，中国流行着一股主张以兴办实业拯救中国的社会政治思想。这一思想发轫于洋务运动时期，盛行于辛亥革命和五四运动前后。在洋务运动时期，郑观应兴办实业，提倡"商战"，他认为发展商业能够富国，富国就能御侮，从而达到救国的目的。张之洞主张"旧学为体，新学为用"，认为发展实业可以强国强民。他积极创办铁厂、兵工厂，并筹办铁路。中日甲午战争后，民族资本家和爱国人士纷纷设厂救国。状元实业家张謇创办了纱厂、面粉厂等多种企业，并兴办学校，希望实现以实业所得来资助教育，用教育来改进实业，凭实业发展而救国的目标。他认为，实业和教育是国家"富强之大本"。辛亥革命时期，各类报刊竞相宣传"实业救国"，并提出国家振兴实业重在收集才智之民归实业界、制定特别保护奖励法规，形成了比较完整的"实业救国"论。在"五四运动"前后，"实业救国"论依然盛行不衰。民族资本家大力提倡国货，抵制外国的经济掠夺，维护民族利益。他们的共同口号是："振兴实业，挽回权利。"1919 年 11 月中旬，孙中山在上海接见一批候轮赴法勤工俭学的学生时谈道，"我们中国虽然已经推翻了清朝专制政体,建立了五族共和的中华民国,可是我们的立国基础还没有巩固",鼓励他们投身发展资本主义工商业事业中。

同时,税西恒等立志报国的知识分子留学欧美,直接感受到了资本主义的物质文明和发达的科学技术,目睹了帝国主义国家之间爆发的一场又一场战争,深切体会到战争实际上就是军力、财力的竞争,是国力的竞争,说到底就是实力的较量。因此,尽管国外的工作、生活环境极为优渥,但是税西恒等爱国知识分子一刻也没有忘记自己科学救国的学习目的,当1918年11月第一次世界大战结束后,他得知回到中国的航运开通,便毅然放弃了德国优厚的待遇,回到了魂牵梦绕的故乡——四川。他先是在1919年担任成都兵工厂总工程师,在四川专门学校任教。然后又放弃大城市的舒适生活,选择回到地处偏僻落后的家乡——四川泸州,创建水电厂。从此,开启了他为改变祖国贫穷落后面貌,实现实业报国和科教兴国理想,为家乡建设服务的生涯。

2. **实业救国道路的实践**

纵观税西恒一生孜孜不倦的实业救国探索,修建济和水力发电厂(后改名为洞窝水电站)、创办重庆自来水厂是他最光辉的成就。济和电厂是税西恒归国后由中国人自主设计、修建的第一座水电站,至今仍在使用,在中国水电建设史上有着重要意义。本书的重点即详细叙述其创建的洞窝水电站。

(1)创办重庆自来水厂。

重庆是有名的山城,城市依山而建,道路高低不平,建筑错落有致。提到重庆,可能很多人都会想到山城"棒棒军",可是在老重庆,曾经还有一个特殊的职业,叫挑水夫。重庆虽被两江环抱,但由于地势陡峭,市民用水十分困难。抗日战争时期,画家徐悲鸿画就了一幅刻画蜀地人民传统汲水的作品——《巴人汲水图》。徐悲鸿融合西洋画法的丰富艺术表现力,以巴人在山路阶梯间舀水、让路、登高前行3个段落,充分反映了没有自来水时,山城人民到江边取水的场景,将当时人们劳作的繁重,汲水的艰辛表达得淋漓尽致。

由于取水困难,老重庆诞生了挑水夫这个特殊行业。市面上有挑水的挑夫靠着人力,从江里挑来水卖给居民。据史料记载,清末民初,重庆城的挑水夫约有6000人,到20世纪初,挑水夫已达2万人。从图2-1可见挑水夫挑水的艰难情景。所以,重庆城以"水巷子""水市巷"为名的街巷不在少数。但是挑水取水方式不仅艰难,而且往往水质浑浊,价格又起伏不定,不经济也不卫生。其实除了日常饮用,水对于老重庆来说,还有更大的用处,那就是灭火。旧时重庆城的房子,多用木竹建筑,且房屋依山势而建,重叠连绵。一旦一处发生火灾,很容易引发大范围的灾害,造成市民生命和财产的巨大损失。清代《巴县档案》里面记载了多次官民协同救火、赈灾的场面,也描述了百姓遭受火灾后的凄苦。对此,官府也采取了一些应对措施,比如修筑消防储水池、设置水缸、储备沙包、沙袋等灭火物资,建立民间消防组织水会等。今日七星岗的地名,也是因为以前在此按北斗七星排列用来灭火的 7 口大石缸而来。但城里水池、水缸里的水,部分是雨水和井水,而更多的,还是由人工挑水补充。消防工具也较为简陋,根本不足以应对火患。

图 2-1　徐悲鸿巴人汲水图(1938 年)

图片来源:http://www.krzzjn.com/2100/102815.html

　　1890 年,《中英烟台条约》签定,重庆开埠,城市开始悄然发生变化。民国时期的重庆市政建设成为建设重点,城市逐渐走向现代化。1921 年,刘湘在重庆设置商埠督办公署,杨森为督办,筹办市政。1927 年,公署改为市政厅,潘文华任市长,划定重庆两江上下游南北两岸 30 华里(15 千米)为市区。1927 年,时任重庆商埠督办的潘文华以督办公署名义,呈请川康边督办公署改重庆商埠为重庆市。11 月 1 日,这一申请获批,潘文华任重庆第一任市长,至出川抗日,共在任 8 年时间。在任期间,他正式拉开了重庆建市的历史,更掀开了重庆市区的第一次现代化建设浪潮。潘文华主政时期,市政建设侧重加强交通、城市公共设施等多方面变革,例如新建了马路。马路的建成不仅改变了重庆2000多年陆路交通困难的局面,也改变了城内上下半城的商业结构,使重庆的商业中心逐渐转向上半城。为了解决多年来居民生活用水的困难和火灾问题,也为应对快速发展的工业和现代城市建设,潘文华上任伊始,便决定开工建设给水工程。重庆商埠督办公署在1927年的《重庆商埠月刊》上发文:

"重庆人民饮浊水生疾病,遇火灾救火难,为市民卫生,救火取水敏捷,兴办自来水厂是当前第一要务。方案有二:一是官办,一是商办。……若士绅不办,此系政府责任所在,决不任由自来水事业长期不办。"[3]

修自来水厂的重任落在了年轻的税西恒身上。1925年秋,泸州济和水力发电厂工程完工后,便开始实现盈利。税西恒到万县筹划公司开埠,开发新的产业。但由于四川军阀相互攻伐,工作根本无法开展。1926年,他刚去重庆便接到重庆商埠督办署的邀请,请他规划设计建设主城区的给水工程。税西恒想到是政府兴办的市政工程,能为百姓造福,欣然从命。鉴于当时内战不息,政局动荡不安,政府无钱,几经权衡,税西恒吸取创办济和水力发电厂的经验教训,极力主张自来水厂采取商办模式,并提出具体操作建议。经督办公署批准后,由他占10股,再向重庆商界发出邀请,募集50股。税西恒发动亲友、邀约朋友想尽一切办法为筹集建厂资金而奔走。由于在济和水力发电厂筹建中树立了良好口碑,税西恒得到川渝商界的认同。1926年至1927年初,兴建自来水厂的建议得到各界支持,一笔笔捐款纷至沓来。1927年,重庆自来水厂办事处在城区大梁子正式成立,并在放牛巷成立工程处。税西恒担任自来水厂总工程师,全面负责工程设计与建设。

在重庆修建水厂从技术角度而言并非易事,因为重庆是一座山城,地势很复杂,道路很崎岖,水要送到山顶上,落差很大,所以水厂建设的难度也比较大,不像平原城市的水厂那么简单。街巷各种错综复杂的地方都要有水管,所以从勘测到设计到建厂,税西恒一直亲力亲为。

修建水厂成本测算、控制也是非常重要。1927年4月2日的《大公报》记载了税西恒本着务实节俭的精神,详细查勘测算的过程。"税主任经数月来之考查有十余年之经验、照其计划、只需五十万元即成功、以前外人之预算、总在一二百万元以上者、因外人不熟悉中国情形、并不知吾人每日平均应需水若干、彼以外人习惯作准、故根本错误、例如西人每日每人用水二百里特、约合中国水量三百斤、平均比一般中国人用水多一倍、至重庆人每日每人用不上、挑水、是则一吨之水、可供中国五人至十人之用、故约计每日有一万吨之水、则足全渝人之用矣、我们计算以五十万元、办第一步、其办法、只安一条止管、各街接分管、设龙头、公馆亦可安专管、此法简单、成功亦易、消防用水极便、且合卫生、并可防、切时疫、至水费一层、亦比较经济、现在渝埠一挑水须钱三百至六七百、将来自来水、一挑只须百文、合全埠计之、每年当可省三百万串、以营业而论、一年当可获对本。"除了根据本地实情低成本运算之外，税西恒还在政府支持下，召开大会，迅速地在运作上达成共识。

旋诸人讨论工程认股交款购机器各事、发言者多人、归纳数项如下：

① 初步工程计划。水之种度成品、与上海等处相同、将来日可进水九千吨至一万吨、重庆水之压力、比京沪更高、射力甚远、尤利于消防。

② 认股交款问题。发起人定为六十人、当日到会者、先填股款、有五十余人、定明股额为六十万、每股一百元、收股定为两期收足、二月底收一期、三月底收一期。

③ 讨论简章推定审查员。众推定审查员六人：李奎安、曾子高、黄圣祥、温少鹤等，审查地点暂设商埠督办署。

④ 公司正式成立期限。三月八、九、十三日为审查招股简章期、十二日召集所有发起人开公司成立会[4]。

给水工程计划将由嘉陵江水提升至打枪坝水池，现如今穿进七星岗通远门，一座古色古香的钟鼓楼十分显眼，循着旁边的老巷弯弯绕绕一番便走入一个叫"打枪坝"的空旷地，清朝时此处设有驻军炮台，清兵在此演练射击。它当时是重庆城墙以内地势最高、面积最大的坝子。正因地势高，可依靠自然高差向城区供水，因此税西恒将自来水厂选址于此。

经过前期查勘准备，1929年春，给水工程正式开工。建厂要搞基础设施建设，首先需要大量水泥。如果能够使用"洋灰"，当然再方便不过。但是当时国内工业十分落后，偌大的四川没有一家水泥厂，建厂所需水泥都需要从唐山运来或者从国外进口，经上海水运至重庆，价格昂贵，而且供应不可能及时。为节省开支，税西恒借鉴了济和水力发电厂工程的经验，仍然采用因地制宜、因陋就简、土洋结合的方法，以石条替代钢筋混凝土的方法。他带领工程处采集了重庆随处都有的石料以制成石条，作为修建水池和水塔的主要材料。虽然有些简陋，但是税西恒对工程质量一点都不马虎，要求施工人员按设计进行，准确无误。如今80多年前用石头砌成的水塔、储水池，依然完整可用，充分说明税西恒当年的设计是精确严谨的，技术是完善的。

税西恒不仅做到了每项工程设计的精确无误,而且严格把好了施工质量关。在施工过程中,税西恒一心扑在工程上,废寝忘食,呕心沥血,坚持在工程一线,检查质量,指导工作。施工紧张时,哪怕是隆冬深夜,他也要到现场察看一两次才能安心睡觉。在水厂修建过程中,税西恒还遭受了重伤。1929年冬,从德国订购的水泵、电机、输水管等设备从上海走水路运到重庆,在大溪沟吊装,临时搭起了支架跳板。为确保万无一失,他亲自带领工程师去朝天门码头检查吊装现场的支架跳板是否牢固,结果发现跳板质量不好,承受不了机器的重量,他在采取补救措施时,不料跳板突然断裂,税西恒和陈文候工程师因此摔落囤船中,他先掉了下去,陈文候工程师掉下去砸在了他的身上。税西恒当场折断了三根肋骨而人事不省,被送进医院抢救。设备因为运输仔细免受损失,但他自己却险些丧失生命。在住院治疗中,为确保工程质量,不影响工程进度,税西恒要求工程技术人员经常向他汇报工程进展情况,协商处理碰到的难题,并频频嘱咐高度重视质量问题。1932年,在税西恒的细心规划和全体工程技术人员以及工人的辛勤努力下,从筹备到建成,历时6年,重庆市第一座自来水厂终于竣工供水。整个供水工程由大溪沟设起水站,把嘉陵江水抽到打枪坝,在打枪坝设立制水区,再经南、中、北三条管道将水送到城内各处。其中水塔预设安放的四口大钟已在德国订购,一旦安装,将使全城都能听到报时的声音。但由于抗日战争的爆发,大钟在运抵上海后,便不知所踪,空遗钟塔依旧静静矗立[5]。由图2-2(a)可见刚刚建成的打枪坝水塔成为当时重庆的一个地标建筑。

(a)　　　　　　　　　　　　　　(b)

图2-2　打枪坝水塔

(a)打枪坝水塔旧照;(b)1938年中国农民银行钞票里的"打枪坝水塔"

图片来源:https://www.sohu.com/a/239298164_349058

打枪坝水厂及水塔的建成结束了重庆无自来水供应的历史,为改善市民生活、推动城市现代化进程作出了重大贡献。在当时,重庆自来水厂也是我国自己设计和修建最早的自来水厂之一。因此这也被称为"重庆市政第一伟绩"。打枪坝水塔曾经出现在钞票中就可以充分证明其社会影响力,如图2-2(b)所示。中国农民银行1938年发行的5元钞票有些与众不同:普通钞票都是横向图案,而它是竖向排版。钞票正面的图案正是打枪坝水厂的水塔。这是重庆风景第一次出现在正式流通的钞票上。水塔整体建筑材料结构以砖石为主,分为台基、塔座、塔身、塔尖四个部分。塔座开有一小门,可上塔顶。塔身表体由水泥砂浆及磨石组成,上方下圆,底层是一圈圆柱围成的圆形回廊,二层是圆形塔柱,三层变化为方形塔身和方柱、方开窗。塔身造型优美,比例尺度优雅,构建精美完整,整个风格既具有西洋建筑特点,又吸收了中国古典元素,属折中主义建筑风格。因为税西恒,挑水夫这一职业也逐渐消失,取而代之的是现代化的自来水厂。

税西恒为了事业,常常废寝忘食,置自己的生活与生命于度外。一个旧社会的海归学者,回来仅仅用了十三年(1919年至1932年)时间,就能够在当时偏僻落后的四川省搞造福黎民百姓的水力、电力工程,相当不容易。

中华人民共和国成立后,税西恒离开了自来水厂,但他仍时刻关心供水事业和公司工作。在他的指导规划下,重庆自来水厂进行了多次扩建,增添和更新了许多供水设施,发挥的作用更大。市中区水厂打枪坝清水池上曾准备盖临时库房,他提出反对;上面堆放了一些水管,他要求将其拉走,因为他担心压垮条石卷拱水池;打枪坝沉淀池堡坎风化严重,他又建议抹一层水泥保护;看到有管道工在管道接头打灰时把水泥洒了一地,他心疼地说:"我建打枪坝水厂时,一匙水泥要勾一道石条缝啊!"为此专程向公司提出加强工人节约意识教育。1976年,税西恒已87岁高龄,身体越来越差,却找到公司领导张恒访要求派车载他到各水厂去看看。每当他看到正常运行的工艺水池,听到机泵的轰鸣声,他就感到心满意足。税西恒在重庆自来水厂宿舍曾题有七绝两首:

渝州高耸白云边,提汲工艰欲上天。

半世微劳邀党眷,故斋容我卒余年。

技术全凭政治资,老来何幸遇明师。

寒窗夜雨伤迟暮,头白工人话故知[6]。

现今,我们仍能看到高耸的打枪坝水塔,通体条石建筑,塔身造型优美,比例尺度优雅,构建精美完整。它是重庆最早的地标性建筑,也是我国水利事业发展的又一块纪念碑。水塔既凝结着人民的智慧和辛劳,也凝结着税西恒的心血。1980 年税西恒逝世后，重庆市有关部门遵照他的遗嘱，将他的骨灰安葬在打枪坝水塔旁。他的名字将和他的事业一起永远留在人们的心间。直到现在，在重庆只要提到税西恒的名字，很多人都赞不绝口。人皆德之，表达出人们饮水思源、缅念不忘之情。

（2）其他实业救国的尝试。

怀揣爱国之心的税西恒在民国年间还创办了其他实体经济，投入国家经济建设中。在家乡泸县建设期间，税西恒同骆敬瞻（光绪年间状元骆成骧之子，曾留学德国）等在苋草坝兴办有"惠工机械厂"等实业。20 年代的重庆洋烟泛滥，大量利税流失。1928 年他与国民革命军第 21 军财政处长、川东税捐总局局长甘绩镛合股创办重庆第一家机制卷烟厂——"重庆大佛烟厂"，设于大溪沟，厂里有小型卷烟机两部，工人几十人，生产"大佛"牌卷烟。但因成本高、质量低，无法与洋烟竞争而停业。对此，税西恒并不气馁，1930 年税西恒又与济和水力发电厂股东、泸县同乡好友曾俊臣合资创办"重庆蜀益烟厂"，生产"青天牌"，不过也因竞争失利最后倒闭。税西恒还参与了其他商业活动，但均以失败告终。这也反映了民国年间，在外国资本主义侵略下，民族资本主义独立发展存在重重困难，迟迟见不到发展的春天，先进国人想实现实业救国的理想实属不易。

1928 年初，税西恒应泸县老一辈同盟会会员发起成立的"市政建设委员会"的邀请，欣然还乡，为方便泸州市民的生活起居，主持城市改造的规划、设计和施工。这一时期的泸州市政建设最有代表性的成果就是重修钟鼓楼。

泸州钟鼓楼修筑历史悠久。据史志记述，明嘉靖十六年（1537）泸州兵备金事薛甲主持修造了泸州钟鼓楼，主要作为报时、报警之用，至今已有近五百年历史。该钟鼓楼位于泸州城区北部，高 20 米，4 层砖结构，楼顶 5 个尖塔，底呈正方形，边长 6.45 米。状如城门，中通车马，建楼其上，四望巍然。该楼又名大观台。钟鼓楼下有一大石乌龟（其实是赑屃——龙子龙孙）驼着一块碑。碑上刻着明朝薛甲的《大观台碑记》。当时西南地区流行一句民谚"云南有座鸡爪山，隔天只有三尺三；泸州有座钟鼓楼，半截还在天里头"。民谚虽夸张，但也足见泸州钟鼓楼当时的盛名。几百年前，少年得志的杨升庵因大礼议之故被贬，晚年返回泸州之时在大观台上发泄了他"千里有家归未得，可怜长作滇南客"的苦闷与无奈。可惜的是清光绪十五年（1889 年）一场大火烧毁了大观台[7]。

税西恒从百年大计出发，经实地考察，仿照哥特式的建筑风格，亲自设计了新的钟鼓楼。钟鼓楼建筑异常坚固，单是地基，便挖了 8 米多深。税西恒还联系德国西门子公司,从西门子公司自费购回大型自鸣钟4座,亲自安装在顶层四面,指针同时转动,每天6点、12点、18点时自鸣报点,声及远郊。《泸州市志》记载:"重建钟鼓楼,楼顶安装四面型大钟一口,每时报点,声闻十里。"[8]这在当时钟表还稀贵的时代,钟鼓楼的建成给人们的生产生活带来了方便。后来在抗日战争时期,这座钟鼓楼又担负起发播空袭警报的任务,全城老少闻警报信号而疏散、隐蔽,大大减少了日机空袭造成的伤亡。但在1939年到1943年战乱的四年之间,由于日军疯狂轰炸泸州,钟鼓楼也因此烧得只剩个框架,石碑也不见了。

20世纪40年代后期,钟鼓楼再次重新修复时,安放上了中国人自己制造的时钟。鼓楼上每天准时敲响的钟声仍然"声闻十里"。至20世纪50年代初期,钟鼓楼上每天长鸣3次的钟声,仍是指挥全城民众按时作息的汽笛。1992年,钟鼓楼得以重建,新的钟鼓楼成为市民们休闲娱乐之地。重建的钟鼓楼如图2-3所示。90多年前税西恒亲自主持设计并且修建的钟鼓楼成为泸州一代人的美好回忆。

3. 向技术官员的转变。

1938年,税西恒辞去重庆大学教职,以泸州代表身份,被推为四川省临时议会参议员,任职两年之久。1938年12月,他还出任防控工程组设计委员会设计委员。这一时期意气风发的税西恒如图2-4所示。

图2-3 泸州钟鼓楼(摄于2021年)　　图2-4 青年时期的税西恒

图片来源:泸州龙马潭区两馆办提供

为了发展川康地区经济,巩固抗战后方根据地,在蒋介石的推动下,川康两省于 1940 年 11 月 1 日组建了川康经济建设委员会,专门负责设计、审计、协助、联系川康经济建设。该委员会由川康两省党政军当局及专家耆宿 80 余人组成,蒋介石亲任委员长,税西恒是委员之一。1941 年冬,税西恒应聘任川康经济建设委员会技术室主任。作为技术室主任,他对川康两省经济建设的国土规划极有远见,主要是围绕人口、资源、环境三大问题而进行,符合科学化和可持续发展要求。税西恒时常提出一些尖锐的观点,例如他在《银行周报》中撰写长文《建立第二经济中心之商榷》,指出"四川经济不但资产数目小,而组织尤极不健全。安能负全国图存复兴之责任。今不研究推进经济力量之方法,而奢谈如何如何之计划,实为本末倒置"[9]。在该文中,税西恒着重探讨了四川经济发展的方法。他延揽李斌都、赵生信、唐云鸿、冯路先、熊光义等专家,广泛收集川康两省各地矿产、农业、交通等有关经济建设方面的资料。同时,为掌握第一手资料,他不辞辛劳,深入边远地区考察,并在此基础上,组织编辑了川康经济建设五年规划和十年规划,报送经济部备用,这些规划被誉为"西南建设之张本"。

1942 年 2 月,基于落实川康经济建设委员会制订的川康建设计划的需要,国民政府和川康两省决定成立川康兴业特种股份有限公司。1942 年至 1947 年,税西恒在担任川康兴业公司技术室主任时,他对川康两省已有的民生公司、四川丝业公司、天府煤矿、南桐煤矿、中国植物油脂公司、川康毛纺织厂等大型企业,从投资和发展方面提出许多具体建议,予以了大力的帮助和扶持。在矿业方面,他主张先从解决燃煤供应问题着手。例如当时拟建议修建的成渝铁路、天成铁路沿线,以及五通桥附近、荣昌烧酒房、隆昌、威远、黄荆沟、彭县关口、绵竹天池、广元杨家岩等地,均常年派员勘查煤矿和测绘矿区,并及时呈报有关部门领取矿产权待开发之用。到中华人民共和国成立时,领到矿权的已有十余处。其间,还将新接手的九眼桥兵工厂改办成为四川机械公司,并新办四川农业等公司。任职期间,他还极力推动兴办四川灌县水力发电厂等事务,取得了良好的成效。1943 年 10 月 20 日,《大公报》记者杨纪在报刊上表达了时人的心情。"都江堰流域之农田水利,举世尽知,其将来在水电事业上之地位,则人多未重视。据税西恒,曹瑞芝,李赋部,王志超诸氏之勘测,岷江流域已发见(同"现")之水力电量,足有七十万匹马力,如尽开发,川西平原之电化,诚有一日千里之势。此次记者观光川南,更欣闻尚有一大电厂计划,可发八十四万匹马力之电,现正开始步工程,预料战后五年内可告成。此电厂之电力较之苏联第一大水电厂第聂伯彼得罗夫斯克电多三万匹马力,直东之第一水电厂,举世界地位而,亦列第三。此为参加第聂伯罗彼得罗夫斯克工程之美籍工程师番佛尔氏之推算,谅非无根据之言。如是则岷江流域之电力,合之足有一百五十余万匹马力,彼时工厂,市民通,均将使用廉价而无限制之电力,其生活之优美,诚言之而令人神往矣。"[10]

(二) 教育兴国道路的探索

税西恒除了是一名实业家之外,他还是著名的教育家和民主教授。至 20 世纪 30 年代,税西恒在回国短短十余年时间,已经完成了两项大的工程——济和水力发电厂和重庆自来水厂,声名鹊起。但税西恒在这两个工程建设里面深深地感受到,单靠少数工程人员搞国家的建设是远远不够的,中国幅员辽阔,严重缺乏能干事的人,需要更多的科技人才投身于建设之中。因此,从 1935 年起,他觉得不能再单纯从事技术工作,不能再单纯地走实业救国的道路,而应把实业救国、科学救国与教育救国统一,通过发展教育,培养和动员有理想、有知识的人齐心协力建设国家。

1. 就任重庆大学工学院院长

20 世纪 30 年代初,随着民族危机的日益加剧,"科学救国"思想再度升温,一些大学和学会得以迅速发展。如中国科学社、中央研究院、北平研究院的推动,中华教育文化基金董事会、中英庚子赔款董事会的资助,科研活动非常活跃。这一时期的科技人员无不以所学贡献祖国,各科学团体亦纷纷涉足社会事业。他们达成了共识:要根据现实社会的需要调整研究方向和内容,使科学与技术得以真正地结合,科学事业与社会事业才能互相交织、共同发展。1935 年秋,税西恒毅然辞去重庆自来水厂工程师职务,在好朋友理学院院长何鲁的邀请下,转阵教育,应聘到重庆大学去教书,筹建工学院,并任第一任工学院院长兼电机系主任,以期培养更多的实用工程人才。在任工学院院长期间,税西恒着力以下四方面建设:

第一,招纳人才。重庆大学创办于 1929 年,是中国现代教育史上创办较早、校名一直沿用至今的大学之一。当时,在刘湘的支持下,重庆大学迁址沙坪坝,建立了第一栋教学楼,开始招生。创办初期,重庆大学校长为胡庶华,理学院院长为何鲁,商学院院长为马寅初。在何鲁的邀请下,税西恒来到重庆大学应聘为工学院院长兼电机系主任。在任期间,税西恒业务精湛、品德高尚、治学严谨、平易近人,关怀师生,为办学而不遗余力,深受师生敬仰和爱戴。

当时,重庆大学工学院除电机系外,还有化工、建筑、水利、铁道、公路、矿冶等系,师资不足是主要问题。为解决这个问题,税西恒通过私人友谊,从国内外多方延揽学识渊博、经验丰富的科技人才到各系任教。教师队伍中,毛韶青毕业于法国菲尔米尼工业学校研究班,李膂毕业于日本东京大学,李本文毕业于同济大学电机系。抗战爆发后,税西恒又吸纳电子学家冯简、地质学家李四光等人才,共同为国家培养工程技术人员。

第二,把控教学质量,建立教学管理制度。首创学院,最重要的是把控教学质量,建立良好的教学管理制度。税西恒在任期间,把自己在德国积累的知识和管理经验运用于教学管理,制订了严格的招生考试制度、健全的教学秩序、完整的奖惩制度,这些制度延续至中华人民共和国成立初期。为了让学生理论与实践能够有效结合,为适应教学所需,经他的提议和设计,工学院修建了金属实验工厂。初创的学校大都存在图书特别是工具书非常缺乏的问题,为了提高教学质量,他在认真授课的同时,还亲自编写教材。当他发现工学院学生和老师缺少工具书时,毫不犹豫地用自己的工资专门印制了数百册德文版《许特:科技手册》(又名《工程师手册》)送给全院师生人手一册。此后,他还把此类工具书专门作为奖学之用,即期末成绩名列前三名者,均奖赠一册。在税西恒和广大师生的努力下,工学院迅速走上正轨,呈现出蓬勃发展之势。

第三,兴修工学院大楼。税西恒担任工学院院长时期,为重庆大学工学院的巩固和发展奠定了良好基础。工学院最引以为傲的是工学院大楼。工学院大楼自修筑伊始,即成为重庆大学标志性建筑。当重庆大学决定兴建由留法学者刁泰乾设计的工学院大楼时,税西恒自告奋勇,肩此重任,在他的主持下,按照他"就地取材、因地制宜"的方法来修建。他根据重庆地处三叠纪砂岩、建筑地基条件优越和沙石坚固而丰富的特点,主张以就地开采出的石料作为工学院教学大楼主体工程的重要建材。此举不仅削平了山头,便利了校园的整体规划,又节省了大量基建经费。在施工过程中,他利用一切休息时间,亲临现场指导。1937年,这座具有欧式古典建筑风格、由全石料建成的三层重庆大学工学院教学大楼巍然屹立于嘉陵江江畔,成为为国家培养工程技术人才的优良基地。而今,历经八十二年风雨沧桑的工学院大楼,风采依旧,仍然是重庆大学值得骄傲的一道亮丽的风景和标志性建筑,如图2-5所示。这座大楼里培养出的一代又一代科技工作者,为西南地区的科学教育事业作出了卓越的贡献。

第四,教学与实践相结合。担任工学院院长之后,税西恒感到单纯做教育,从宏观上讲对国家建设帮助并不大,当务之急是要把普及技术与促进经济社会的发展结合起来,于是他开始专注于经济规划、经济政策的制定。这其实也是为了更好地将教学与研究相结合,为国家建设打好基础。税西恒选择了他所熟

图 2-5　重庆大学工学院大楼

图片来源：http://www.zizzs.com/c/201307/2433.html

悉的水电资源调研为突破口,利用假期带领师生开展四川水电资源调查。1936
年,为勘测乌江中游及川黔边沿彭水龚滩等地的水电资源,他自费约请重庆大
学教授刁泰乾,学生熊光义、黄松霖、许弟钟等人,利用寒暑假勘测我国的西南
水利、矿产资源,他们奔波在四川境内的龙溪河、大渡河、岷江、万县、江津、长寿
狮子滩、乌江和贵州的二郎滩等地,勘测过程历尽艰辛,他们考察评估了合川、
铜梁、荣昌、万县、长寿、白沙一带水利价值,并对勘测过的大小河流和水力基地
写出了建设方案及规划。第一次查勘是前往乌江龚滩,由重庆涪陵租小船逆流
而上。乌江滩多流急、暗岩密布、惊险万分,江两岸绝壁千仞,上下只有羊肠小
道。就是在这样的条件下,他们攀岩附壁、涉险克难,成功完成了彭水龚滩历史
上第一次的勘测工作。最险的一次查勘是在勘测灌县岷江水力资源时,他携妻
带子在二王庙居住长达 9 个月之久,且几次落水遇险,几乎丧生鱼腹。当时岷
江上游多有土匪,税西恒等人每次勘探都冒着生命危险。根据一手勘探资料,
他写了《西川水利调查》一文,发表于《工程周刊》,对成都平原地理环境、水利建
设现状和都江堰建筑及修理、历史、水政组织进行了全方面总结,为之后计划创
办灌县水电厂打下了基础[11]。

　　但是,个人的努力离不开时局大环境,当税西恒克服重重困难,完成了对乌
江龚滩水电站的第一次勘测时,却由于军阀割据、内战连年、民不聊生、财政无
力,他开发水力资源的宏伟计划未能实现。这也引起了他深深的思考:仅靠技
术、教育能救国吗? 为什么千辛万苦拟定的计划却频频流产? 乱世中如何为国
家为人民谋福利? 这也为他 40 年代思想观念的转变打下了基础。

2. 支持蜀都中学的创办

作为重庆知名教授,税西恒不仅推动了重庆高等教育的发展,他还关注重庆当地中等教育的均衡发展。他在蜀都中学的创建中发挥了重要作用。蜀都中学是1944年由周恩来等中共中央南方局领导创办的具有光荣革命传统的高级完全中学。

1943年,受周恩来委托,税西恒不畏风险,联合重庆大学、中央大学部分师生创办了蜀都中学,并欣然就任学校副董事长兼校长,从筹备到办学整个过程中,蜀都中学的创办人税西恒都坚决贯彻执行周恩来的指示精神,邀请了教育界名流学者,如何鲁、段调元、艾伟、郑衍芬、常道直等;邀请了政经界的知名人士,如民主建国会的黄墨涵,国民党四川省党部委员李诹仁,和诚银行经理陈行可、聚兴诚银行经理杨典章等;还邀请了地方的知名人士,如当过市商会会长、当地的实力人物石荣廷等,将蜀都办成了"抗大"式的新型学校,为中国共产党培养、输送了大批优秀干部,掩护了许多党员,开展了统战工作,团结了广大爱国进步人士。

税西恒给予蜀都中学发展提供个人最大能力的支持。他不仅努力筹集了资金、寻觅了校舍,甚至牺牲居住条件——出租自己兰园房屋,用租金来推动蜀都中学的建设,冒身陷囹圄的风险支持师生开展各种爱国活动[12]。

资金筹集是蜀都中学创办中最大的难题。根据当时国民党政府教育部的规定,私立中学的校董会和学校的立案备案都要有一笔相当数目的固定资金,这就面临着经费困难导致无法立案办学的问题。税西恒和南方局经过不懈努力,最终得以解决这一问题。学校的固定资产和活动经费大多来自南方局的拨款或借款。熊扬、张兴富等凑集了300多亩田地的产业契纸(地契),作为学校固定资产。活动经费主要由张兴富经手,在重庆曾家岩50号(周恩来的办公处)取现金或支票,或由南方局同志送支票到沙坪坝汤家湾张兴富的住处。另外南方局投资与人合办的"裕中电料商行"经理杨宗明(中共地下党员、红色商人)也提供了部分资金,四川省委前后也提供了一部分专款或借款。南方局撤离重庆迁往南京后,四川公开成立省委,张兴富的工作由四川省委副书记张友渔同志领导,蜀都中学开办后经费困难时,曾由四川省委副书记张友渔同志面批拨款给张兴富带回备用。除了南方局的资金之外,其余资金则全靠创办者自身解决。创建伊始,由于拨款金额不够,作为一校之长,税西恒会商董事会各同仁,多方联络同乡袍泽、亲戚故旧,筹措到一笔经费,用以租佃盘溪侯姓罗盘田30亩(20 000.1平方米)地作为校址,确定每年交租谷16石(960公斤)。最后的差额是由周均时、税西恒、周学庸、张兴富、熊运钜、唐克明、陈俊逸、姜瑄和张仲明这些进步人士每人筹资10万元法币,解了燃眉之急。

税西恒是当时有名望的民主进步人士,为了办好周恩来重托的蜀都中学,他倾注了大量心血。面对白色恐怖、特务横行,学校办学意图一旦暴露,作为校长就要身陷囹圄,甚至丧失生命。但他始终与中共地下党组织亲密合作,不惧任何风险,且不取任何报酬。1948年夏,法币严重贬值,学校开支捉襟见肘。周恩来曾关心地问道:"听说你们办学很艰苦,发起人不要工资,只吃饭,吃菜吃莴笋叶,洗脸在溪沟里洗,生活很艰苦。"在学校遇到经费困难的艰难之时,税西恒再一次捐款500万法币以解决教职工吃饭及其他问题,支持学校的教育事业继续发展。然而,税西恒筹集的500万法币不是凭空得来的,是牺牲自己居住条件换来的。税宅兰园当时有主楼和附楼,他将长期居住的主楼出租,全家搬到保姆、佣人住的附楼,租金用来购买书籍文具,支撑教学。在附楼,外人还以为保姆是他女儿的母亲。税鸿先在回忆文章里提道:"你想九三学社这些人一来就到我们家吃饭,很多文具都是我们家来买,然后还要资助蜀都中学,这些钱就是这么来支持大家的。"[13]

税西恒在暗中也支持中国共产党的进步活动。为了保证中共地下党的安全,中共教员召开会议,有时也选择在税西恒兰园家里。由于蜀都中学积极开展民主进步活动,为国民政府重庆当局仇视,一度要予以查封。税西恒挺身而出,以自己的影响力与国民党据理力争,才使学校得以保全。蜀都中学表面上遵守国民党政府的法令,使用"国定本教科书",但是,学校也采用了三联书店、商务印书馆、中华书局等的审定教材,并发动教师结合时局,发挥教材中民主进步因素和民主精神,对学生进行思想教育,鼓励学生追求真理,明辨是非,热爱祖国。

税西恒也是教育先行者。在投身教育的十年中,不断地思考教育的目的和发展方向,他于百忙之中在蜀都中学校刊撰文《今日之中等教育》,指出当时小学毕业者百分之八十不入中学,大学的录取比例较低。分析中等教育中职业教育的不足,提出了应对措施——要大力设立职业学校来适应时代发展所需[14]。

税西恒除了创办有名的蜀都中学,1947年,还创办了重华学院。重华学院前身是私立香港华侨工商学院,院址在重庆两浮支路中印学会。该院创立于1939年,1944年迁重庆。抗战胜利后,学院主体迁回香港,呈报教育局备案成立重庆分校未准。内地学生因无钱赴港续学,遂滞留重庆。1947年3月,由税西恒、周均时、甘绩庸等接办学校,报教育部批准立案,改为"重华法商学院",迁重庆南岸向家坡。董事会推选税西恒任校长，下设教务处、训导处、总务处、秘书室，开设工科、商科、文法科等专业，聘请了名流学者陈豹、罗志如、梅远谋、张志超等担任教授。1949年重庆解放后，该校合并于私立重庆财经学院。1949年，税西恒在重庆恢复中国公学大学部，兼任校长。在这两所学校，他始终坚定地支持进步学生运动，掩护和资助地下党的革命活动。

重庆解放前夕，局势非常紧张。1949年夏，蜀都中学董事长周均时参加建立民革川东分会地下组织和策反国民党军队工作，提出"保川拒蒋，迎接解放"，于8月被捕杀害。周均时与税西恒是留德同学，曾吃住在一起，度过第一次世界大战最艰苦的岁月，彼此关系非常要好。是时，国民党西南败局已定，当局拟定了暗杀名单，税西恒、何鲁名列其中。为防万一，税西恒与夫人商量，躲到重庆自来水厂。因为他平时与水厂技术人员、工人关系融洽，大家愿意为他提供帮助，今天这家，明天那家，居住地点经常变换。他请人转告在重庆大学读书的女儿不要回家，以保证人身安全。夫人由两个保姆陪着，留在家中。家里所有与进步活动有关的材料有两大挑箱，已提前集中烧毁。最终，时任西南军政长官公署副长官的杨森曾经与税西恒同事，格外看重他的人品，才放了他一马。税西恒终于在黎明前的黑暗时期，幸存了下来。

三、民主道路的尝试——创建九三学社

抗日战争时期，出于对政府建设、政治民主的思考，税西恒开始关心时局，针砭时政，并集合知识分子，开始民主道路的尝试。

（一）税西恒创建九三学社的时代背景

1937年7月，全民族抗日战争爆发后，南京国民政府迁至重庆并将其作为战时首都，西南地区的地位日渐重要。在重庆大学任职三年后，1938年秋，税西恒辞去重庆大学的职务，回任济和水力发电厂经理，并成为国民政府的一名技术官员。

但是，国民党当局只知积极反共，消极抗日，贪污勒索，中饱私囊，毫不顾及国家与人民的长远利益，川康兴业公司开办五年，并无让川康地方发生多大变化。1945年5月7日《大公晚报》记载了总经理邓汉祥对记者的谈话："公司成立已届三年，目前虽可维持现状，仍距理想甚远。"[15]税西恒眼见自己设计的灌县水电厂开工无望，自己的抱负无法实现，只得在1945年愤而辞职，回到重庆。此时的重庆作为战时陪都亦是危机四伏，他眼见这一时期国内政治时局暗淡，官员、军队腐败现象丛生，物价飞涨，百姓生活在水深火热之中。这些现状促使

税西恒和其他先进知识分子一样,更深入地思考国家民族未来的命运。

抗日战争初期,中国大地上发生了一次历史上规模最大的人口大迁徙。分布在东北和沿海的工业遭到严重破坏,许多有识之士呼吁工厂内迁,为持续抗战保存中国的工业基础。更深层次的,为了保存革命火种,保存中华民族最后的尊严和学术,同时内迁的还有大批学校以及各界的名士、人才。抗战内迁也为东部与西部的先进知识分子的融合与交流提供了有利的时机,税西恒得以在重庆结识更多地域的知识分子。

在错综复杂的局势中,中共为了引领思想潮流,团结各种力量共同抗日,深入西南地区开展地下工作,保留国统区革命力量,壮大民族抗战阵线,拯救国家于水火之中。1939年12月21日,中共中央《关于组织进步力量争取时局好转的指示》中指出:"一切站在国共之间主张坚持抗战团结进步的所谓中间力量(从救国会朋友直到各地公正乡绅、名流学者及地方实力派等),最近期间表现出政治积极性日益增长,成为推动时局好转的极重要因素,因此,我们应用极大努力帮助他们用各种方式组织起来。"1940年3月11日,毛泽东在《目前抗日统一战线中的策略问题》报告中指出:"在中国,这种中间势力有很大的力量,往往可以成为我们同顽固派斗争时决定胜负的因素",因此,"争取中间势力是我们在抗日统一战线时期的极重要的任务"[16]。在国统区工作的中共领导人周恩来、董必武、林伯渠、吴玉章、邓颖超等,根据中共中央的精神,在重庆经常同爱国民主党派和人士接触,参加他们的活动,分析国内外形势,阐明中国共产党的方针政策,对他们给予鼓励、支持和推动。税西恒就是在这样的时代背景下,在不断交流中思想发生了较大变化,成为走在时代前列的民主人士,对国家民族命运何去何从有了更清晰的思路,进而在四十年代创办了蜀都中学,创建了九三学社。

抗日战争后期,日军对西南地区发动进攻,桂林失陷,川黔吃紧,国军不断制造国共摩擦。这一时期团结抗战局面,随着国民党的消极抗日,也笼罩着一团浓重的阴影。包括税西恒在内的重庆科技界、文教界的高级知识分子对时局极感焦虑,经常聚在一起,互相交换对时局的看法,讨论如何推进团结、民主、坚持抗战。渐渐地,税西恒家成为聚会地,吴玉章、熊克武、但懋辛等民主人士常聚会于重庆两路口新村五号税西恒家,广泛交换革命、文化、科技、建设方面的意见,渐渐地,就形成了座谈会的方式,定期组织讨论民主与抗战问题,因为民主与科学是五四运动以来人人皆知的旗帜和口号,座谈会又被称为"民主科学座谈会",与会者一致主张"团结民主,抗战到底",拥护中国共产党的"坚持抗战、反对投降;坚持团结、反对分裂;坚持进步、反对倒退"的号召。发扬五四反帝反封建的精神,壮大反帝反封建的革命队伍,广泛团结进步的科教界人士,积极参加反对国民党反共顽固派的斗争,为实现人民民主与发展人民科学而奋斗。但是如何落实到行动,这群知识分子仍然迷茫无措。

在迷茫彷徨之际,共产党对这些知识分子伸出了橄榄枝。1945 年 8 月,毛泽东到达重庆后,于百忙中接见了许德珩、劳君展和梁希、潘菽、金善宝等"民主科学座谈会"和"自然科学座谈会"成员,并建议把"民主科学座谈会"搞大,成为一个永久性组织。毛泽东指出:现在人数虽少,但也不要紧,你们都是科学文教界有影响的代表性人物,经常在报上发表意见和看法,不是也起到很大的宣传作用吗? 经过毛泽东的指点和推动,座谈会改组为一个永久性的政治组织,得到越来越多的认同。1945 年 9 月,在周恩来、潘梓年授意下,"自然科学座谈会"的一些成员在潘菽(原名有年)的介绍下,以个人身份参加"民主科学座谈会"。"民主科学座谈会"成为一个以科学技术界、文化教育界高级知识分子为主体的民主团体。第一批成员有税西恒、张雪岩、褚辅成、王卓然、孟宪章、吴藻溪等人[17]。

之后,为了进一步唤醒大众抗日救国的民族意识和实践科学民主的理念,为了避免出现"两个中国之命运","民主科学座谈会"的同志均感到有必要建立永久性组织加强各地各界联系,于是,税西恒与许德珩等人在重庆便开始筹备组织九三学社。1945 年 9 月 3 日,是日本帝国主义签字投降之日,全国各地都在庆祝纪念抗日战争和世界反法西斯战争的伟大胜利,民主科学座谈会的同志们在重庆也举行了一个盛大的座谈会。会上有的同志提议,为纪念抗日战争和世界反法西斯战争的伟大胜利,把座谈会改为九三座谈会,大家一致赞成。"民主科学座谈会"由此改名为"九三座谈会"[18]。

"九三座谈会"于 1946 年 1 月 6 日举行了大型座谈会,声援出席政治协商会议各代表,希望他们完成所负历史任务,并决定筹组九三学社。重庆《新华日报》记载了这次座谈会的情况,以"学术界举行九三座谈会,决定筹组九三学社"为题报道了此次会议。

"九三学社筹备会"在反内战斗争中,经过四个多月的积极筹备,于 1946 年 5 月 4 日下午三至七时在重庆川康兴业公司举行成立大会,如图 2 - 6 所示。大会发布了《九三学社缘起》《成立宣言》《基本主张》《对时局主张》等重要文件。到场的有褚辅成、卢于道、黄国璋、许德珩、税西恒、吴藻溪、张雪岩、詹熊来、潘菽、黎锦熙、彭饬三、李士豪、刘及辰、王卓然等五十余人,大家一致推选褚辅成、许德珩、税西恒为主席团代表。大会首先由褚辅成致开会辞，许德珩报告筹备经过，税西恒报告社费收支账目。然后宣读农林科学出版社及南泉实用学校校友贺电。再由卢于道、王卓然、黄国璋、张雪岩、张迦陵自由演说，他们一致指出：武力不能求得统一，东北及中原的内战必须立即无条件停止，在政府根据协议改组以前，美国不应有援助中国的任何党派之行为，希望马歇尔元帅继续以公正态度，调处国共纠纷，实现全中国的和平民主。最后通过社章缘起成立宣言，基本主张，对时局主张及致美国国会电文。最后选举潘菽、张雪岩、褚辅成、许德珩、税西恒、吴藻溪、黄国璋、彭饬三、王卓然、孟宪章、张西曼、涂长望、李士豪、笪移今、张迦陵、严希纯等人为理事，卢于道、詹熊来、刘及辰、何鲁、侯外庐、黎锦熙、梁希、陈剑翛等为监事[19]。

图 2 - 6　九三学社成立地址——青年大厦

图片来源：http://www.mzzj.org/html/news/2018/0410/5446.htm

（二）税西恒在创建九三学社中的作用

税西恒在九三学社的创建中发挥了重要作用。一开始，税西恒由潘菽介绍认识了许德珩，并参加了"民主科学座谈会"。他参加进来之后，"民主科学座谈会"活动的地点就从许德珩家改在税西恒任总工程师的重庆自来水厂，税西恒则成为该社经费的筹集者和支持者。他们先后在雅园、黄家垭口中苏文化协会、都邮街广东酒馆、打枪坝重庆自来水公司职工宿舍、兰园不定期地进行座谈。当时，重庆物质匮乏，从前线回来的高级将领得到的最高奖赏就是蒋经国设宴款待。而这些学术界人士和社会贤达当时收入都不高,税西恒积极创造条件,让大家既谈事、又聚餐。税西恒家不仅提供餐饮,还提供文具等办公物品。所以,后期座谈会更多选择在兰园税家。

1946年1月9日,九三座谈会决定筹组九三学社,税西恒又是策划人和出席者。1946年5月4日九三学社举行成立大会,税西恒被选举为中央常务委员会副主席、理事会理事;在1946年5月12日的第一次理监事联席会议上,又被公推为常务理事。同年八月,又在税西恒家成立九三学社重庆分社,他被选为主任理事。税西恒为九三学社的活动提供了适宜的场所和条件,当时许多会议都是在他家中召开的,如九三学社的第一次理监事会就是在他家召开的。他是九三学社第一位负责经费和财务的人。

这一时期,税西恒不仅参加这样的小型座谈会,还主动和重庆大学的学生颜又新(颜敏,中共地下党员)、徐士亮三人就在主办的《世界日报》版面开辟《积极评论周刊》栏,由他们自己撰文,自己编排。税西恒每期都要写一篇针砭蒋党政权或为老百姓说话的文章。但因文笔犀利,专栏仅出了9期,就被重庆市社会局勒令停刊。这种正义之举深受爱国知识分子和广大群众所赞赏,也体现了税西恒为老百姓办实事、解决实际问题的做事标准和公允、客观针砭时弊的态度。

1946年秋,九三学社总社迁往北平,九三学社的绝大多数成员也陆续离开了重庆。10月27日,九三学社重庆分社在上清寺国民外交协会召开成立大会。会议推选税西恒、何鲁、谢立惠等15人为理事、监事。1946年冬,由于抗战胜利,重庆分社的大部分理事、监事又陆续离开重庆。这期间,税西恒则留在了重庆,一直承担九三学社重庆分社的领导工作。税西恒、谢立惠和重庆分社在渝的同志常常与其他民主党派、人民团体一起,采取联合行动,以发表通电、声明和宣言,参加学生游行等行动,支援或声援爱国学生的正义行动。

九三学社重庆分社成立后,在税西恒等人的带领下,一方面加强对外联系。即电贺旧金山中国及远东和平大会,希望美国人民有效制止美国政府的错误行为;电请联合国大会讨论联合国会员国在非敌国驻兵问题,纠正美国对远东政策。另一方面,加强领导国内民主运动。这一时期,他领导了反对国民党在重庆较场口殴打民主人士(殴伤郭沫若等)的活动,1946年6月20日,税西恒同重庆大学教授彭用仪、段调元、蒋导江、林宇修和学生杨绪灿、谢立景、周其昌等以及重庆市各界人士四千余人,联名呼吁全面停战,实现和平,要求延长协商时限,协商谈判只许成功,不许失败。同年,他以九三学社名义约集重庆21个人民团体联合声明,呼吁全国同胞团结起来制止伪国大的召开。他提道:"这时候中国人民的光明是什么？就是共产党毛主席指引的踢开国民党'伪国大'，迎接人民的新政协，建立中华人民共和国!"他积极支持进步学生运动。1946 年 12 月，驻北平 2 名美军士兵强奸北大女学生沈崇，对此事件国民政府装聋作哑、不作评论。美军的暴行、政府的态度激起全国人民的一致愤怒。1947 年 2 月，抗议美军暴行的运动在全国展开。1947 年 2 月 5 日，重庆 63 所学校 15 000 余人举行了大规模的反美反蒋爱国示威大游行。重庆当局出动大量的军警宪特，用殴打、逮捕、枪挑等暴力手段进行压制。师生出发到江北宣传，遭国民党军警殴击，次日前往行辕及市府请愿，又在夫子祠遭到更为恶毒的殴击，重庆广大人民群众愤怒鼎沸。1947 年 2 月 9 日，税西恒发表反美军暴行宣言，呼吁重庆市各界与各民主团体发表援助爱国学生抗议美军联合会的通电。均获得各界人士的响应。据 2 月 9 日的《新华日报》记述，在重庆数万学生示威游行的队伍里，九三学社重庆分社常务理事税西恒、理事谢立惠走在前列，和学生一起高呼反对美蒋反动派的口号。

这一时期的国民政府倒行逆施，对学生运动参与者大肆逮捕，1947 年 6 月 2 日，西南学院学生运动被捕 7 人，华侨工商学院税西恒院长报告时大声呼吁"该校学生列入名单者计三人，捕去二人。税氏谓不捕还好，捕人徒增政府处理困难，应先释放以平愤，放了学生便减少困难。"当国民党要他到电台发表反共讲话时，他严词拒绝，并说，"要我在电台里骂共产党，杀我也不干。"从事这些民主活动，税西恒为此遭到国民党特务的多次恐吓，但他毫不畏惧，置之不理，充分表现出九三学社领导人的凛然正气和在大是大非面前不畏强权秉持大义的气节。为了更好地组织学生、市民游行，避免无序化。1948 年春，九三学社重庆分社在重庆宾馆附近五洲药房集会，研究发动学生上街游行，开展"反饥饿、反内战、反迫害"运动。会议决定：王克诚负责南泉大专院校，何鲁负责重庆大学及唐家沱载英中学一带学校，税西恒负责重华学院及南岸一带地区中学，蒋宗仁负责动员巴县一带中小学，左昂负责游行时医疗卫生。由于组织得力，活动在社会上造成极大声势。在"反饥饿、反迫害、反内战"示威大游行时，税西恒也和同学们走在一起，高呼反对美蒋的口号。

1949 年 11 月，临近解放时的一天，有位同志来到税西恒家中通知他说，"你已经上了国民党特务的'黑名单'，随时都有被抓的危险"，要他和家人立即躲避一段时间，并要求税西恒将所有保存的九三学社的文件都烧掉。来人走后，为了保全社组织的安全，税西恒叫他的夫人和女儿连夜在厨房烧毁了两挑箱保存在他家的九三学社的文件及资料。

税西恒的女儿税鸿先在对父亲的追忆中提道：解放前夕，白色恐怖笼罩山城，他时时都受到被逮捕坐牢的威胁，他把我和母亲拜托给他的学生照顾。他自己毫无惧色地和国民党周旋。1949 年 9 月 1 日《大公报》报道："渝蓉两地近又陷于大恐怖中。各地特工汇集，不分昼夜四出捕人。何鲁、税西恒、周均时、王国源等最近在渝被逮捕。何鲁是重大女师院教授、载英中学校长，税西恒是华侨工商学院院长，闻可保释，周（前同济大学校长）王（前参政员）则情形比较严重。一同被逮的还有三个人，姓名未详。"[20]

四、新型知识分子的人品魅力

近代以来，随着新式教育的兴起，新型知识分子群体开始出现。他们是各领域各地区的一批专业人才，在推动国家现代化进程中起到了重要作用，为中国的社会变革提供了坚实的社会基础，成为社会变革新的主力军。税西恒是这一时期新型知识分子的典型代表。他一生努力探索救国救民的道路，历经坎坷，也为国家社会作出了杰出贡献。总结税西恒不平凡的一生，可以看到他身上有几种值得称颂的品质。

（一）个人优秀品质

1. 时时以国家需要为重

在税西恒的自传中，他谦虚地说到这样一段话："我关心国家民族的前途命运，丢开个人的私利私见，全力来为国家民众服务。所以我没有多大学问和能力，但能百折不挠克服重重困难，在一生中毕竟对国家有一点贡献。"从中可见他一生的抱负和无私追求。税西恒归国十余年时间，创办了济和水力发电厂、重修钟鼓楼、创建重庆自来水厂、开办多家厂矿，其后转战教育，可以说一生都是马不停蹄地为国家富强奔波操劳。

为了实业救国，他变卖老家田产；为了工程零失误，他日夜巡查工地。税西恒全身心扑在事业上，直到 1928 年，39 岁的税西恒才与方淑芬结婚，43 岁才育有一女。这在重视子嗣的旧中国是不常见的。税西恒曾深有感触地说："我生不逢时，青壮年时期，遇到腐败无能的国民党，想建设国家而不可得。及至迎来解放，又已年逾花甲，我若晚生十年那就好了。"这些话说得多么坦率真诚！从他的言行看，的确是"苍龙日暮还行雨，老树春深更著花。"他的这种生命不息、奋斗不止的革命精神，激励我们后来者更加努力奋发。

税西恒为人正直和蔼，有一颗忧国忧民的心。1927 年，当济和水力发电厂运营正常，开始赚钱了，税西恒悄然引退。到 1937 年春，重庆自来水厂进入赢利阶段时,他再次辞去了总工程师职务。他的举动展现了中国知识分子哪里需要去哪里,不求富贵,只求多为国为民谋福利的高贵品格。曾经有一个税西恒只愿教书不愿做官的小典故。当时,国民党政府教育部长朱家骅系他留德时的同学,深知他的才华,朱家骅想拉拢他来充实自己的政治资本,特邀请他出任四川省教育厅厅长。他谢绝道:"不会做官,只能教书。"正如他自己所言"两次的世界大战给我的启示也不少,我一直是一边学一边想一边行,但是不是在进步,我不知道,我却有一个50年不变的中心思想,那就是丢开个人私见私利,全力为国家民众服务"。他执教几十年,培养了许多优秀的科学技术人才。他的一些学生至今还是我国科学技术事业的骨干。

1949年已年满60岁的税西恒迎来了中华人民共和国的成立。花甲之年的他积极投身于中华人民共和国的建设之中。因为税西恒是重庆著名的民主人士,在解放前做了大量工作,德高望重的税老得到了众多中共领导的赞誉。1950年初,西南军政委员会邓小平、刘伯承宴请税西恒,何鲁、温少鹤、汪云松、段调元、彭用仪等同志,感谢他们对中共地下党工作的支持,鼓励他们继续为中华人民共和国的建设作出更大贡献。1951年税西恒列席第一届全国政协三次会议期间,赴北京开会时,受到陈毅同志的亲切接见,陈毅自称是在四川甲种工业学校亲受税西恒教化的学生。在此会议期间,税西恒还见到了多年的老友朱德,朱德总司令亲自到北京饭店话旧,称赞税西恒为祖国的实业建设出力不少。1956年1月,中共中央主席毛泽东亲切接见了税西恒等出席各民主党派中央全会的同志,如图2-7所示。

图2-7 毛泽东第二届政协会招待税西恒等民主人士(右三为税西恒)

图片来源:泸州龙马潭区两馆办提供

　　税西恒在新中国成立后也为国家发展作出了不可磨灭的贡献。

　　一方面,税西恒继续领导、发展壮大西南地区九三学社组织。1949 年,由于社员复员,九三学社重庆分社组织活动已经中断。重庆解放后不久,在中共西南局党委统战部的关怀下,九三学社重庆分社筹备小组正式成立,由税西恒负总责。在他与同仁的共同努力下,1951 年 9 月 3 日,九三学社重庆分社成立大会在会仙楼皇后餐厅隆重召开。重庆市副市长胡子昂,中共重庆市委常委、统战部部长杨松青,九三中央代表严济慈、初大告等应邀出席会议。新华日报、大公报、新民报、重庆日报等对大会进行了报道。会议推选税西恒等 7 人为理事。自此他带领新的分社理事会,在恢复社务工作、整理内部、健全机构和发展社员等方面,做了大量工作。

　　经过不懈努力,解放初期,税西恒作为九三学社重庆分社理事、主任委员,按照九三学社中央要求,完成了积极壮大西南地区九三学社组织的任务。20 世纪 70 年代末后,尽管已是年老体弱,他仍然一如既往地关心祖国的前途和命运,关心党的统战工作,关心九三学社的成长和发展。1980 年 2 月,在九三学社重庆分社恢复活动后召开的分社第六次社员大会上,税西恒代表分社致开幕辞,他说:"民主党派从中央到地方,能得以重新恢复和开展活动真是得来不易。"他号召分社社员:"团结一致向前看,为促进社会主义现代化建设的发展而贡献我们最大的力量""把个人利益和祖国利益联系在一起。把个人前途和祖国前途联系在一起,做解放思想、安定团结、实现四化和祖国统一的促进派。"

　　除了继续在九三学社重庆分社发光发热以外,解放以后,税西恒被任命为重庆市人民政府各界人民代表及西南军政委员会文教委员。以后列席全国第一届政协第三次会议,历任第二、三届全国政协委员,第三、五届全国人大代表,第一届四川省人大代表,第一届四川省政协委员,第二、三届四川省政协常委,第三、四、八届重庆市人大代表,第二、五、六届重庆市人大常委,第一至六届重庆市政协副主席。1957 年 10 月,由全国人大常委会副委员长陈叔通、委员王维舟、副秘书长刘贯一和北京市副市长冯基平陪同,以费林格主席为首的捷克斯洛伐克共和国国民议会代表团和以斯沃波达市长为首的布拉格市人民委员会代表团到重庆访问。捷驻华大使布希尼亚克随同来访。税西恒以政协副主席身份,陪同中共重庆市委书记、市长任白戈,市政协主席李唐彬等到机场迎接,并陪同参观西南农学院、西南师范学院、重庆建筑工程学院。

　　另一方面,他也身体力行地投身于新中国建设事业中。税西恒解放后深入川渝各地调研,撰写了调查报告,如 1953 年他去都江堰调研,客观地写道"四川都江堰灌区四年来年年增产,今年产量已比解放前提高二成,农民生活迅速上升,据调查温江县中坝村已有百分之六十的贫农上升为中农"。1959 年,他在重庆参加了全国人民代表和政协委员的视察工作。主要视察了两个人民公社,两个钢铁厂,一个铁矿,两个机器制造厂和两所学校,随后也将视察工作调研报告《城市农村面貌一新》发表于《人民日报》。《中华人民共和国土地改革法》颁布以后,他坚决支持国家土改政策,主动退掉泸县老家的土地,变卖兰园,将钱全部交给了农会。税鸿先回忆道:这些改革里头对他个人利益也有冲击的,比如说我们泸州有田,那就要土改,要土改也牵涉到他的利益呀,泸州那边虽然没用那边的钱,一直在重庆,但是那边也要退还给农民一些钱,我父亲当时就是说积极支持国家的土改,虽然我并没有什么关系,但是就是我家人,家里要生活,所以就把重庆新村五号卖掉了,就把这个钱全部交给农会,全家搬到了自来水厂宿舍居住。1952 年,川南人民图书馆建成,他捐献了珍藏 20 多年的济和水力发电厂图书资料 3 000 余册。中华人民共和国成立后,税西恒在水电领域也继续发挥着光和热。1950 年夏,税西恒辞去重华法商学院、中国公学大学部两校职务,继续担任重庆市自来水公司经理、总工程师、技术顾问,为中华人民共和国事业出谋划策。1955 年,长寿狮子滩水电厂动工,朱德函请他担任总工程师,他因心脏病发作未能成行,但仍然关注狮子滩水电厂的建设进展,提出一些有益建议。1956 年,他总结一生的规划施工经验,在全国建筑学会专刊上发表了有关石工结构论文若干篇,颇为建筑界所推崇。1960 年,他以 70 岁高龄不辞辛劳,参与扩建重庆市自来水厂现场勘测,并提出规划建议。

无论税西恒见到或想到的,凡是他认为对国家有利的,总是积极提出建设性意见,以表达他的拳拳爱国之心。在十年浩劫期间,面对"四人帮"的倒行逆施,他敢于仗义执言,为老一辈的无产阶级革命家受迫害而鸣不平。尽管他蒙受围斗、抄家,身处逆境,也丝毫没有动摇他对党的信赖和走社会主义道路的坚定信念。仍然积极参加政协组织的学习。特别是在党的十一届三中全会拨乱反正后,他看到了党的各项政策正在逐步落实,这使他感到极大的欣慰。图 2-8 为中年税西恒。

税西恒即使是在病重期间,在人生的最后岁

图 2-8 中年税西恒

图片来源:泸州龙马潭区两馆办提供

月仍把国家利益放在首位，实在是难能可贵。税鸿先回忆道：1980 年 6 月，我父亲病重期间，我从成都赶回重庆照顾他老人家。在他生命垂危之时，还抱内疚之意对我说："我这次生病住院，一定用了很多钱，我知道我没有钱来交费，这要拖累你了。不能让国家破费。"我说："请放心，你有公费医疗待遇，国家承担你全部费用。"他说："无功不受禄，这样不好。"1980 年 6 月，税西恒因病逝世，享年 91 岁。他为祖国，为家乡的经济建设和科教事业，为九三学社的建立和发展，为中国共产党领导的多党合作事业贡献了毕生的精力。遵照税老的遗愿，他的骨灰安葬在他亲手创办的重庆自来水厂的水塔下。重庆 83 岁的著名老中医陈源生与罗侃茹（唐阳春老医生的夫人）送的挽联可以做他一生的总结：

> 围绕北辰，一片丹心爱祖国；
> 星陨南极，三千桃李仰高风。

如今，值得告慰税老的是，他的夙愿早已经实现。重庆市的各个区（市）县都建立起了自来水厂。四川和重庆境内的河流上，已建立起众多的水电站。举世闻名的三峡二期工程已经竣工，三期工程 2009 年也已竣工。重庆大学已经发展成为学科门类齐全的全国综合性重点大学和国家"985 工程"重点建设大学，2018 年又成为中国首批"双一流"大学。中国共产党领导的多党合作事业正迎来了蓬勃发展的大好时期。至 2017 年 6 月 30 日，九三学社也发展成为拥有 167 218 名社员，在全国 30 个省、自治区、直辖市和 304 个市（县）建立了地方组织的参政党。鉴往知来，温故知新。九三学社的广大社员会永远记住他，四川、重庆人民会永远记住他。

2. **重义轻利的品德**

税西恒身上有着重义轻利、乐于奉献的高尚人格。税西恒女儿曾撰文描述她的父亲："我父亲这样的旧社会的知识分子，到今天来看，这样的人，都是很少，他的一生，简直就是无偿的给，到最后不是抄家嘛，都说税西恒很有钱，结果他什么都没有，这一下才晓得原来税西恒没有钱，的确是这样，你想一生工作 60 余年，工资是比较高的，他搞了多少个工程，泸州济和水力发电厂，重庆自来水厂，经他的手银元好多万，但他却两袖清风，一分都没有，不仅是没有，还倒贴。用自己的工资资助学生，资助学院开展查勘考察，在重庆大学图书匮乏的情况下，自己印制图书发放全院师生等。留给我们后人的是他崇高的品德，这是比金钱要宝贵得多的精神财富。"

税西恒虽是社会精英,重庆的风云人物,但对有困难的亲友、下属却热情相助,助人为乐。税西恒曾给无名晚辈以无私的帮助。他在川南道尹公署任职时,趁杨森外出期间,还曾说服该署秘书长同意,用川南公署名义去函合江县府筹集旅费大洋三百元,以资助李大章同志赴法国勤工俭学。税西恒女儿税鸿先回忆道:泸州济和水力发电厂和重庆自来水厂的老工人及其家庭与我父母相处几十年,他们之间感情深厚,无论他们哪家有了困难或有婚丧之事,只要两位老人知道了,总是去看望,或送钱送粮。有上门求助的亲友,父亲毫不迟疑地解囊相助。这些老工人也非常感念父母的帮助,对他们也很关心,因为我长期在外地工作,家中有了困难也都靠这些老工人们主动来帮忙。"文化大革命"武斗混乱之时,上街买菜十分困难,都是他们代购然后送到家中。曾经在1975年回重庆探视期间,家中忽然来了一位大约六十几岁的老人,大家都不认识他,他自我介绍说,是四十年代时我父亲手下的工作人员,30年前家境很困难,是税老借给的钱,才让他全家渡过难关,有了今天。今天是特意来感恩,并且还钱的。在老人坚持下,我们只好收下他的钱和很多礼物,大家又寒暄一阵,他才高高兴兴走了。税西恒对下级和工友总是循循善诱,以理服人。在各种政治风浪中,从不见风使舵,对权势之辈毫无奴颜婢膝,始终保持自己的气节和人格。他和夫人在重庆50余年,无论是在工作中或是在与邻里相处中,与大家相处十分融洽。十分难能可贵的是,即使是在"文革"中,有人煽动反对这个"反动学术权威",但是没有一个工人给税西恒贴(揭发他的)大字报。工人们答复说:"税总工程师老两口从解放前就对我们穷工人关心备至,我们受他恩惠不少。解放后对我们也很好,我们没有什么好写的,一个人做事总要讲点良心嘛!"重庆自来水厂向税老女儿说到上述情况时,十分感慨地说:"两位老人真不容易呀,真是德高望重!"

3. 追求精益求精的做事品格

生活中的税西恒生活节俭,对吃穿从不挑剔,但工作中的税西恒却追求设计、施工的精益求精。在修建济和水力发电厂、打枪坝水塔、重庆大学工学楼等工程中,他都能够做到就地取材、因地制宜、因陋就简,做到设计科学性与建筑美感并存。例如打枪坝水塔通体条石建筑,塔身造型优美,比例尺度优雅,构建精美完整。在每项工程建设中,税西恒凡事亲力亲为,废寝忘食,呕心沥血,以至于这些建筑设施异常坚固,距今超过80余年历史了,但都岿然不动,至今还发挥着作用。他在40年代拟定的川康经济建设发展规划和查勘的水利图到现在还有重要参考价值,他当年规划的灌县水电站就是今天紫坪铺水电站所在地,这些都体现了税西恒工程师严谨的工作作风,追求精益求精的做事风格。

4. 不惧强权,追求真理的品行

40年代的重庆逐渐陷入了白色恐怖之中,税西恒在中共支持下创办蜀都中学、创立九三学社,从物质上积极支持进步学生运动,掩护和资助地下党的革命活动。虽多次受到国民党形形色色的威胁,甚至上了国民党暗杀名单,但他无丝毫犹豫畏惧,勇往直前,必达目的而后已。

1957年,中国开始反右派斗争,九三社中央领导参加中共中央统战部先后召开的14次民主党派负责人和无党派人士座谈会,帮助党整风,座谈对党的工作的意见。在这一较为敏感的时刻,税西恒仍然积极向国家管理部门进言,以一己之力推动科技界发展。

他曾在1957年多次表达观点:一要在培养科技界新生力量的同时,提高并尊重老的科技人员。他从自身的转变,即由一个旧时代知识分子转变为新时期建设者的实例出发,呼吁充分调动、发挥老的科技人员的积极性。“目前各单位对新生力量的培养都已积极注意,并已取得成绩,我觉得旧中国遗留下来的科技人员还是一支力量,他们在新形势下都要求进步,而且有了科技基础和较全面的工作经验,也容易提高,他们在某些较全面的工作和在培养新生力量等方面都可以发挥一定的作用。所以目前对老科技人员需要更加团结教育,要从理论认识上提高他们的思想水平,并从科技的工作实践上提高他们的业务水平。”

二要行政领导工作与科技专业取得密切的联系。他非常直观地指出目前科技部门存在的不良之风,如有时就单独由行政干部来决定工作计划,由于有的干部对科技工作不够熟悉,就用单纯的行政方法处理问题,致使有些和科学技术有密切关系的重要因素都没有被引入问题内部来考虑和研究,以致有的文教、企业和建设单位的规划安排和执行工作的质量都做得不够高,甚至有的陷于计划性不够的状态,因而受到或大或小的损失。在这样的单位中,科学技术的人员和他们的工作都逐渐与行政有了距离,名义虽然是从属的关系,但实际上是被孤立起来了。这就忽视了政治与业务相结合的原则。税西恒针对这个情况,提出了工作改进意见:“党的领导工作还要深入下去,了解科技的情况,进一步加强对科技人员的思想领导与组织领导,要同时提高某些负责的科技人员参与一些整体工作,如本单位的政策方针的研究和掌握,参加上一级的某些会议等,使得行政领导工作与科技专业取得密切的联系,以适应今天日益扩大和精细的社会主义建设的要求。同时,科技人员要克服忽视政治的倾向,坚持进步，要求进步应该同生活实践结合起来才有更好的成绩。”

此后一年多，全国开展了反右派斗争，并且这一斗争被严重扩大化了，九三学社的一批社员也被错划为右派分子。税西恒在这场运动中也受到较大冲击。1957 年税西恒一家由重庆两路口兰园迁往小院居住，之后又迁到自来水厂宿舍。但是税西恒没有抱怨，也不惧强权，不说伤害同志的话，客观评价过往的人和事。即使在他个人受到较大的冲击情况下，在极左思潮盛行时，他也敢于仗义执言，为受迫害者鸣不平。

5. 志趣高雅，品行高洁

作为一个水电工程专家，税西恒颇具盛名，但他同时也是一个浪漫的诗人。他在诗词书画方面的才华却鲜为人知。1938 年他为女儿税鸿先画的白底扇面画，风格天真幽淡、秀逸挺拔。他勤习孙过庭书谱，书法遒劲超逸。他毕生喜好诗文，常与好友何鲁诗文往来，曾编有《积极诗草》二册，存诗五六百首，以诗言志，抒发爱国情怀和远大抱负。他十分推崇杜甫，称之为“诗之史”“诗之经”，认为其价值远在“风”“骚”之上，其风格多受杜诗影响。特别值得一提的是他的诗论，常有独到之处。税西恒论诗时，把诗人成功的条件归纳为自身丰富的文史哲学修养和政治社会的客观环境，以及游览天下、经常接触劳动人民、长期的创作实践等。例如税西恒认为，杜甫的诗歌创作保持了高度的政治热情，再加上“田父邀皆去，桑榆翳蜀都”，有接近劳动人民的机会和“玩物亲鱼鸟，探微寄伐诛”这种对生活入微的观察、体验，才使他的诗歌创作达到了“稽古空前代，崇今起未央”的高度。他曾写过《读杜甫诗作》一首：“十年蒙一命，天路敢言高。赴难肝肠烈，持躬国士操。拾遗官有禄，无缺舌徒劳。覆败才如昨，浮云欻满朝。剖心臣极则，沸血气高潮。驻马千门哭，哀鸿四野嗷。何心尸素位，矢志向民胞。去矣非逃世，重来秉素毫。”通过该诗，可以窥见税西恒的家国情怀。

税西恒还用诗词记录了他参与的一些重要的政治活动。例如 1954 年，税西恒担任中国人民赴朝慰问团四川团副团长赶赴朝鲜慰问志愿军战士。在此期间，他作有律诗多首，表达了他对党、对社会主义祖国的热爱，对志愿军的敬仰。

渡鸭绿江

万马投鞭地，秋高鸭绿边。
赴援千里外，御敌九关前。
唇齿金汤固，川原碧血鲜。

匈奴犹未灭,奏凯不言旋。

入朝鲜境

国在山河敝,人存社稷安。

愚公移地易,暴力服人难。

义烈哀兵胜,忠贞敌胆寒。

布衣兴卫日,刮目世相看。

朝军夜宴

军中一夜酒,儿女尽英雄。

热血成城固,丹心映日红。

纵横天地窄,歌哭性情中。

得道方多助,人民已大同[21]。

应了诗人的气质,税西恒平日生活虽不拘小节,但却精心呵护和睦温馨的小家庭。1928年,税西恒成家,妻子方淑芬毕业于江苏崇明师范学校,婚前是小学教员,是一位知书达理、道德高尚的女士。她对税西恒的为人处世十分理解支持,是税老得力的贤内助。税西恒43岁时,他们唯一的女儿税鸿先出生了,妻子因为血崩无法再生育,在旧中国,没有男丁承继门第是一件大事。有朋友见他膝下无子,劝他纳妾,他泰然笑答,"无子何妨,女儿一样可成大业。"他对独生女儿十分疼爱,但从不娇生惯养,在为人处世和学业上要求十分严格,言传身教、教导她要自立自强,以事业为重,引导她健康成长。税鸿先毕业于北京大学,服从分配留在北方工作,年迈的税西恒虽然思念女儿,却从未想过动用关系调动女儿工作,直到1973年税鸿先才调回四川工作。图2-9为税西恒全家福。

图2-9　1949年税西恒全家福

图片来源:泸州龙马潭区两馆办提供

"赴难肝肠烈,持躬国士操。"这是税西恒对杜甫的赞颂,也是他自己一生生活的写照。税西恒是中华民族的优秀人物,也是后来者的师表和楷模。

(二)三次思想转变

税西恒一生思想经历了三次转变,这种转变正是这一时期中国知识分子转变历程的缩影,也体现了旧式知识分子积极探索救国救民道路的努力。

1. 第一次转变:科学救国

少年时期,税西恒以为变法、维新可以救中国,康梁是救中国的人物。经过中学阶段的革命启蒙,他认识到必须暴力推翻清朝政府,并投身革命,参与革命暗杀团体。辛亥革命成功之后,税西恒认识到应该科学救国,在国外学习最先进的自然科学技术,学好本领做一个技术人员就可以搞好国家,把国家建设成为一个经济强国。1912 年,时年 23 岁的税西恒做出了一个重大选择:实业救国,远赴德国柏林工业大学机电系学习。税西恒在自传里写道:"1912 年到德国留学,学的是工程科学,立志为国家做建设事业,那时我们这一般青年革命者有一种错觉,是认为那些年长的具有一点世故经验的同志们就是政治家,就可以担负国家的政治责任,我们放心做一个技术人员就可以搞好国家,所以通通要学实用自然科学,没有一个肯学社会政治类的科学,我也是这样的,同时这些科学课程繁重,也没有时间再作政治活动,就照预定计划做一个纯粹的技术人员"。经过五年艰苦学习,1918 年税西恒学成归国后报效祖国。

2. 第二次转变:实业教育救国

民国初年,中国流行着一股主张以兴办实业拯救中国的社会政治思想。税西恒留学欧美,直接感受到了资本主义的物质文明和发达的科学技术,他在五四运动前夕回到中国,身体力行,开始了实业救国的探索。十余年时间,修建了济和水力发电厂、重修了泸州钟鼓楼、创办了重庆自来水厂,合伙创办了多家企业。成为西南地区赫赫有名的实业家。

从一个立志实业、教育救国的社会精英向有政治理想的爱国民主人士转变,税西恒对自己的思想有一个回顾。他曾在重庆报刊上发表文章,表示"自1919 年到 1935 年这 16 年间,埋头苦干搞建设工作,不管工资多少,不计报酬,有时为创办一件事,在发起组织阶段中,常有一二年之久毫无报酬,我也自掏腰包或竟向朋友借贷度日的干,但是结果我并不好,不但成功甚难,就是已成功的事交与别人去办,仍然被破坏了,1935 年以后我感觉到纯技术家的立场对国家的建设帮助并不大,技术家要同时能掌握整个经济才行,于是转而注意到经济计划、经济政策及教育人才的方面。"于是,税西恒在 1935 年去了重庆大学担任工学院院长,期望培养更多的实用性人才,并自费开展查勘工作,撰写经济计划报告,希望能为国家发展添砖加瓦。

3. 第三次转变:民主救国

抗日战争时期,税西恒思想发生了第三次转变。出于对政府建设、政治民主的思考,税西恒开始关心时局,强调:科学技术工作者建设国家的愿望是受上边统治者和周围环境摆布的……抗日战争期间,国民党节节败退,丧失半壁河山,把国家前途命运都断送了,还谈什么建设。1937年,国民党政府教育部长朱家骅以留德同学的名义邀请他出任四川教育厅厅长,他不愿同流合污,以"不会做官,只能教书"为由坚拒不任。但由中共南方局筹建的蜀都中学邀请他做学校董事长,他则不畏风险,欣然就任。遵照中共周恩来、董必武等同志的指示,把蜀都中学办成了中共地下党的工作据点。

税西恒受很大触动是在川康兴业公司就任技术官员时期,公司创办的五年时间并无让川康地方发生多大变化。国民党当局只知积极反共,消极抗日,贪污勒索,中饱私囊,毫不顾及国家人民的长远利益,税西恒眼见自己设计的灌县水电厂开工无望,自己的抱负无法实现,只得在1945年愤而辞职。这一段经历更是让税西恒认识到国民党政府根本不想建设,整天热衷于搞内斗。税西恒非常失望,在这种情况下,他的思想慢慢地有了很大的转变。他认为,民众力量为政治基础,要想打倒腐化政权只有靠民众力量,但要发动四万万人积极起来,不是短时间可以办到的,所以只有靠争取国家和平团结再来教育组织民众,来做国家的主人翁。他经常在重庆报上发表这些主张。自从组织九三学社以后,税西恒便自觉投入更为有组织的活动中[22]。

→ **参 考 文 献** ←

[1] 刘盛源. 税西恒传[M]. 北京:团结出版社,2016.

[2] 全国政协文史资料研究委员会. 辛亥革命回忆录第6辑[M]. 北京:文史资料出版社,1981:54-58.

[3] 重庆商埠督办公署. 令据重庆警察厅长李宇杭为呈请派勘炮台自来水厂文[N]. 重庆商埠月刊,1927-5-4.

[4] 川人士会商两项建设事. 创办重庆自来水,略有头绪,修筑渝简马路,仍是一场空谈[N]. 大公报(天津版),1927-4-2.

[5] 谢宗辉. 历程(1932—2012)——重庆市自来水有限公司成立八十周年纪念[M]. 内部

刊物,162-163.

[6] 四川省成都市委员会文史资料研究委员会.成都文史资料选辑第六辑[M].成都:中国人民政治协商会议出版社,1984:43.

[7] 吴孟辉.三泸走笔[M].泸州:泸州市人民政府地方志编纂委员会办公室2001年印行本:17.

[8] 四川省泸县县志办公室.泸县志[M].成都:四川科学技术出版社,1988:649.

[9] 税西恒.建立第二经济中心之商榷[J].银行周报,1924(49):15.

[10] 杨纪.电都一瞥[N].大公报(重庆版),1943-10-20.

[11] 税西恒.西川水利调查[J].工程周刊,1935,4(11):158-166.

[12] 任一民.四川近现代人物传[M].成都:四川大学出版社,1987:362.

[13] 邵华,薛启亮.我们的父辈(民主人士卷)[M].石家庄:河北少年儿童出版社,1993:213-222.

[14] 税西恒.今日之中等教育[J].蜀都中学校刊,1946(1):3.

[15] 川康兴业公司.税西恒任董事[N].大公晚报,1945-5-7.

[16] 汪守军.九三学社在重庆抗战时期的活动[J].重庆社会主义学院学报,2010(6):63-67.

[17] 张玉芳.毛泽东助推创建九三学社[N].团结报,2015-9-17.

[18] 九三学社中央研究室.九三学社简史[M].北京:学苑出版社,2015:14.

[19] 九三学社.九三学社成立宣言[N].大公报(重庆版),1946-5-6.

[20] 重庆卅一日消息.渝蓉大捕人,何鲁周均时等入狱[N].大公报(香港版),1949-9-1.

[21] 中国人民政治协商会议重庆市渝中区委员会文史资料委员会.重庆渝中区文史资料第16辑[M],重庆市渝中区政协文史资料委员会内部刊印,2006:232-238.

[22] 税西恒.税西恒1951年自传[M].未刊印,泸州龙马潭区两馆办提供.

第三章

洞窝水电站的百年历史变迁

　　洞窝水电站兴建于民国初年军阀混战时期。这一时期,经济上由于辛亥革命提高了资产阶级地位,加上第一次世界大战期间帝国主义放松了对中国的经济侵略,所以中国民族资本主义出现"短暂春天";思想文化上提倡"民主""科学"的思想解放运动——新文化运动全面展开,动摇了封建正统思想的地位。这一阶段也是中国近代化全面启动的重要阶段。中国第一批海外留学人员抱着科技救国的愿望陆续归国,将西方各领域现代工业科技引进中国。洞窝水电站就是在这样的背景下,由留德工程师税西恒主持设计建造。整个修建过程几经风波,税西恒克服重重阻力,在处于封闭状态的川南地区成功地修建了水力发电站。泸州洞窝水电站于 1922 动工兴建,取名"济和水力发电厂"。泸州洞窝水电站是四川最早修建的水电厂,也是我国较早兴建的水电厂之一。洞窝水电站的发展经历了民国初期、抗战时期、解放后三个时期。1938 年,我国第一家化学兵工厂——河南巩县兵工分厂内迁泸州后更名为第 23 兵工厂,1939 年征购济和水力发电厂,改名为洞窝水电站。1949 年 12 月 3 日,中国人民解放军进驻第 23 兵工厂。解放后,第 23 兵工厂更名为国营 255 厂。1950 年 2 月,洞窝水电站移交川南电业管理局,1951 年 3 月又交回国营 255 厂,后更名为泸州化工厂,2001 年改制为泸州北方化学工业有限公司。这座在全川率先赶走城市黑暗、为人们带来光明的水电站尽管已近百岁高龄,至今仍在运转。它是四川最老的水电站、四川省唯一水力发电活态工业遗产和我国近现代工业遗产的典型代表。

一、洞窝水电站的创建

　　洞窝水电站位于四川盆地南部的四川省泸州市龙马潭区罗汉镇,属长江左岸一级支流龙溪河上最末一级梯级发电站。洞窝水电站筹建于 1921 年,至今仍在发电。洞窝水电站的建造有其特殊的自然条件,选址在洞窝瀑布,充分利用河流自然高差,规划科学、设计合理。

(一) 地理环境

四川省泸州市位于沱江与长江汇合口,该地区水系众多,境内有 4 条主要河流:长江、沱江、濑溪河、龙溪河。龙溪河发源于永川县西南登东乡,干流全长约 80 公里,流域面积约 520 平方公里,这里雨量充沛,拥有十分丰富的水力资源。洞窝水电站充分利用了境内绝无仅有的龙溪河上洞窝瀑布天然水头进行水能资源开发,充分利用河流自然高差,规划科学、设计合理。在近代工业初步发展阶段其具有客观性和合理性。

洞窝水电站所在的地区陆相形成前是水湖地区,在多次地壳变化中,形成凹凸、断裂、褶皱、陷落等不同形态,其地貌特征 90% 以上属丘陵地带。在南北向与东西向陆架结构接触上,出现多线形陷凹地带,构成长江、沱江与濑溪河、龙溪河的河床。河道沿岸,多为洞穴冲积物与河流冲积物沉积地区,成为河谷和浅丘地貌。境内平均海拔 300 米左右,最高海拔 454 米,最低 224 米。

洞窝水电站所处的龙溪河是长江北岸的一条小支流,发源于泸州市永川县登东山,流经永川、泸县、在泸州市境内汇入长江。龙溪河年平均径流量 6.58 立方米每秒,龙溪河流域狭长,横向切径 16 公里,纵向切径 50 公里,平均宽度 12 公里,流域总面积约 600 平方公里。龙溪河出口处海拔 222 米,河道纵向总高差 115.2 米,在龙马潭区境内的落差为 44 米。龙溪河干流沿线滩多坝广,不通航运,最为突出的特点是断崖较多,如高洞、特凌滩、代滩、仁实桥高洞等,洞窝断崖高约 36 米,为最大,水头集中、小水电开发条件较好[1]。

1921 年,刚回到家乡的税西恒立即组织一帮人对泸县境内的龙溪河水利地形进行踏勘。河口上游约两公里处有一天然断崖瀑布,落差约 44 米,这里水流丰沛、上下落差较大,是建造水电站的优良选址。经过科学论证,税西恒最终选址罗汉场、高坝段。其后,他与骆敬瞻(清朝状元骆成骧之子,曾留学德国),以及曾在日本学习电机的表兄彭玉富开始着手对电厂进行设计,并取名济和水力发电厂。

(二) 洞窝水电站艰难修筑过程

1912 年,辛亥革命推翻了两千多年的封建专制制度,建立了资产阶级民主共和国,虽然其间经历了两次封建复辟和多次军阀混战,但自此民主共和观念深入人心,中国进入了一个新时代。新兴的资产阶级民主共和国重视资本主义经济发展,并着力推动中国的现代化进程。经济上,由于辛亥革命提高了资产阶级地位,加上一战期间帝国主义放松了对中国的经济侵略,中国民族资本主义出现"短暂春天",民族企业如雨后春笋般发展壮大起来;思想文化上,新文化运动全面展开,提倡"民主"与"科学",民主、科学成为 20 世纪最时髦的词语。新文化运动终结了尊孔复古的逆流,动摇了封建正统思想的地位,思想的解放进一步推动了经济的发展。

民国初年,中国百废待兴,各行各业急需建设人才,在国民政府支持下,中国第一批海外留学人员抱着科技救国的愿望陆续归国,将西方各领域现代工业科技引进中国,开始了艰难的科学实业救国探索。

自 1916 年后,四川境内军阀混战,由四川总督丁宝桢于 1876 年在成都创办的兵工厂成为川滇黔军阀争夺焦点,具有留学背景的工程技术人员也是他们积极争取的对象。1920 年,熊克武占据兵工厂,与之相熟的税西恒被延揽任命为兵工厂总工程师,旋任四川省立第一甲种工业学校教授。

1921 年,川军第二军第九师师长兼永宁道尹(治所泸县)杨森聘请税西恒为道尹公署建设科长。实业建设首先需要解决电力问题,在当时条件下,修建一座水电厂最为经济可行。税西恒与骆敬瞻等在苋草坝筹建"惠工机械厂",他们踏勘龙溪河水力,拟利用洞窝落差发电,作工厂动力能源,估计流量为 0.5 立方米/秒。但当时由于时局动荡,次年杨森离开泸县,惠工机械厂被迫停办,工厂耗资 10 万银元而废。税西恒向地方官员士绅宣传开发水力发电可解决城区照明,又可为工业发展创造条件,得到道尹张英、商会会长梁云程、盐商谌焕云、曾俊臣等人的支持,同意集资兴建电厂。于是,税西恒将全部技术人员转入水力发电厂筹建工作。洞窝水电站就是在这样的背景下,由留德工程师税西恒主持设计建造。

洞窝水电站筹建于 1921 年,初名"济和水力发电厂"。在当时,修建发电厂的阻力非常大。20 年代的川南地区处于封闭状态,人们照明靠油灯,大商店晚上点几支蜡烛,也就很了不起了。修建水力发电站对于闭关自守的泸州民众是闻所未闻之事。1922 春,电厂正式开始施工,由道尹公署出资官办。但仅仅半年之后,随着杨森战败离泸,黔军入川,施工被迫中断。黔军离泸时,又搬走了工地上的一些重要设备和钢材,工程已经难以为继。

工程瘫痪的节骨眼上,更要命的是电厂向德国西门子电力公司订购的 140千瓦卧式同轴励磁机励磁水轮发电机组、输配电设备等正待付款启运,如不按合同履约,德方不发运设备,也不退还预付定金。情急之下,税西恒找到新任道尹张英。经协商,张英表示电厂由官办改为商办,命名为四川省泸县济和水力发电厂股份有限公司,由税西恒出任董事长兼工程负责人,所发电力供县城照明和发展地方工业用。在达成一致后,张英与税西恒约请了泸县商会会长梁荣成,以及曾俊臣、谌焕云等士绅15人,希望商界能参股。但当时四川军阀混战,社会动荡不安,且参股者只听说过电和电灯,对电厂能否成功感到怀疑,怕蚀本赔钱。虽然有泸县商会支持,开明绅士也表示赞同,但要他们拿出银子投股,总是疑信参半,落不到实。

在困难之时,税西恒写信向朱德请求支援。朱德任滇军旅长驻防泸县时,税西恒曾为该部义务修理军械,两人意趣相投,过从甚密,建立了深厚的友谊。当时,朱德已出国留学了,得知情况,当即函告在泸州开西药房的戴与龄,要他支持税西恒爱国爱乡壮举。整理记录如下:"中国的社会很落后,工农业生产都不发达。今后中国应首先注意学习西方科学,发展中国的工业生产。现在税西恒从德国留学回来了,他正在筹集股本,要在泸州洞窝建设水力发电站。这是今后发展工业生产首先要解决的问题,对于国计民生关系都很大,是一个新兴的社会事业。希望你大力支持,多方劝说亲友集股相助,务必要帮助他把这一个新兴社会事业——水力发电站建成。"戴与龄得到这封信,积极宣传动员,但是,认股的人仍然不够。

最后,当地士绅向税西恒提出条件:你出多少,我们就出多少。迫不得已,税西恒求助于祖母。彼时,税西恒的父母及3个兄弟都已过世,祖母是税氏大家庭的当家人。两个嫂子和弟媳对此表示坚决反对,情绪非常激烈地质问税西恒:你留洋回来,风光得很,却没有为家里买一分田一亩地,反要变卖家产去办什么电厂。税西恒祖母非常通情达理,她力排众议,表示:西恒我信得过,他要办的事肯定没错。由祖母拍板,税家变卖部分家产,凑得2 500银元作为电厂股金。在认股的时候,税西恒当众表示:建站期间,自己只吃伙食,不拿工资。他的实干精神感动了其他股东,间有川南师范学校教师恽代英广为宣传,恽代英利用在白塔街通俗讲演所专题演讲的形式,讲了几次修水电站的好处。通过这样一讲,认股的人开始多了起来,股东们纷纷交纳股金。不久公司就筹集股金21.6万银元,付清余款,发电设备得以启运回国。在他的努力和带动下,电厂的筹建工作得以顺利开展,由曾俊臣、谌焕云为筹备负责人,税西恒负责技术工作。

1922年冬,济和水力发电站正式开工,拦河坝、厂房和送电线路等陆续动工兴建。厂址占地6.5亩,修建条石砌墙、青瓦屋面厂房8间,拦河坝就位于洞窝瀑布上游处,坝体用条石安砌,高2.5米,圆弧形、弧长80米,是西方水坝工程设计与中国传统水利工程材料及建造工艺的结合。水库工作深度2米,水库回水长 2 公里（库容约 50 万立方米）。引水渠沿龙溪河右岸布置，同样使用条石浆砌，长 230 余米[2]。初建成的济和水力发电厂如图 3-1 所示。

　　1923 年，电厂进入全面施工阶段。进水室建筑在基岩上，输水管采用铆接钢管，直径 0.6 米，管段间用法兰连接。当时水泥在其他国家已普遍使用，但中国十分缺乏，拦河坝、输水渠、厂房及主机基础均采用中国传统水利工程建造常用的糯米浆拌石灰浆安砌条石的施工方式。水轮发电机组由德国西门子公司制造，水轮机功率为 200 马力，设计水头 28 米，调速器为手动操作；发电机为交流，50 赫兹，电压 220 伏，容量 140 千瓦，由同轴励磁机励磁。发电机发电后经变压器升压

图 3-1　济和水力发电厂旧照

图片来源：https://power.in-en.com/html/power-2375793.shtml

为 6 600 伏，架设 6.6 千伏三线加工裸铜线 8 公里至城区，装配变压器 4 台，容量 187.5 千伏安；220 伏线路 12 公里，供电 2 900 余户，经架空线送往泸州市区供电。电站及输电线路经过两年多时间的建设，于 1925 年建成发电，总计投资 31 万银元，比原计划资金超支约十万银元，每千瓦的综合投资为 2 214 银元。

　　为保证工程质量，税西恒决定把筹集的有限资金全部用在刀刃上。在工地上，他呕心沥血、日夜奋战，每项工程精打细算。由于国内不能或仅能自制少量的标准建设材料，整个工程仅从唐山高价购买了 10 桶洋灰（水泥），其他只能因地制宜、就地取材，如以本地的生铁、条石、白灰、木材等为主要建筑材料，以糯米浆拌石灰砌条石代替钢筋混凝土，建成一座支墩拱式拦水坝；从石崖中穿凿压力引水道，压力水管用铁管代替钢管，输电线过河用木杆搭架代替铁塔；电站的水坎、厂房和主机基础都由条石砌成；为节省开支，减少筑高堤坎蓄水淹没过多农田，在设计施工时因势利导，在河道上游分三处修筑蓄水堤坎，分段蓄水，既坚固美观，又完全符合工程质量要求，避免淹没良田，最大程度上保护了农民的利益，得到农民的支持。这些在今天看来都非常先进的设计理念充分展示了他的聪明才智与实干精神[3]。洞窝水电站拦水堤如图 3-2 所示。

　　1925 年，电厂一期工程顺利竣工，股金加上永宁道先期投入，总造价 31 万

图 3 - 2 洞窝水电站拦水堤
图片来源：李子西摄影（龙马潭区两馆办提供）

银元，坝高 2.4 米，蓄水深约 2 米，调节库容 87 万立方米，引水渠长 230 米，电厂首次采用交流升压输电。修成后的洞窝水电站全景如图 3 - 3 所示。预定通电的那天晚上，股东们高兴地聚集在城内公司办事处，泸州城居民扶老携幼涌上街头。当夜，电灯亮了一会就熄灭了，引发了居民种种议论。税西恒立即步行 20 多华里赶回发电厂，查明原因，进行全面调试。第二天夜晚，再次试验送电，泸州城里灯火辉煌、通宵达旦，郊区农民也涌进城里开眼界。大家纷纷赞叹税西恒为神仙般的奇人。

图 3 - 3 洞窝水电站全景图
图片来源：泸州龙马潭区两馆办提供

尽管济和水力发电厂当时的功率仅约为 250 马力,规模并不大,但在当时科技落后的四川地区来讲,却是十分难能可贵的。

如表 3-1 所示,济和水力发电厂 1935—1938 年的发电容量。

表 3-1 济和水力发电厂发电容量(1935—1938)

年 份	发电总容量/千瓦	发电总度数
1935	140	401 500
1936	140	320 000
1937	140	300 000
1938	380	445 623

转引自杨秀丽《透过档案看洞窝水电站的前世今生》,《四川档案》2018.6

(三)济和水力发电厂易主

济和水力发电厂最初拟为官办,但当时军阀割据,电厂筹建不久,川黔军阀就拉开了战火,济和水力发电厂被迫下马。几经周折,在税西恒的努力下,电厂由官办改为商办。1925 年 2 月,济和水力发电厂命名为"四川省泸县济和水力发电厂股份有限公司",首席董事长为李泉峰,电厂主要供县城照明和发展地方工业用。据"泸县济和水力发电厂股份有限公司营业工程两部说明表"记载,当时该公司发电所地址在原泸县里仁乡龙溪下游洞窝,事务所在县城内会津门城垣街,以电灯电力电热为专管事业。资本总额共计银洋 216 000 元,共分为七十二整股,每股 3 000 元,每整股又分为十分股各 300 元。该公司的营业区域为原泸县城区及北岸小市区,并就龙溪河流一带的洞窝、谷西滩、特凌桥、虎踏桥石滩等处作为建堤蓄水之用,其堤身高度以不妨害两岸农田为限。发电容量总数为 140 千瓦,其中常用机量 100 千瓦,预备机量 40 千瓦。

但是经营状况颇好的济和水力发电厂却在抗战敌机轰炸中步履维艰。在《四川省水利志》一书中,作者朱成章翻阅了当时的档案,档案中有税西恒写的报告,报告详细叙述了洞窝水电站易主的经过:"发电及输电、两部设备经驻泸军政部兵工署第 23 工厂认为,对战时兵工有收用之必要,要求让渡。股东要求保留,往返交涉,经一月之久,卒以厂方需用迫切,保留无效,只得听其征用,遂于 1939 年 12 月 8 日签字定局,公司以发电、输电两部设备让渡国家,而由厂方偿付公司国币 36 万元……"[4]

国民党军政部兵工署第 23 工厂的前身是巩县兵工厂分厂,是设在巩县石河道的防毒面具厂和毒瓦斯厂。抗日战争爆发后,战火迅速蔓延到黄河以北,巩县兵工厂分厂的生产受到很大威胁。1937年11月，军政部电令巩县兵工厂分厂"星夜撤装全部机件，经汉口转运四川"，经过查勘，长江上游泸县境内，长江北岸的罗汉场附近有一块平坝叫高坝，依山傍水，土地肥沃，物产丰富，浩渺的长江不但是天堑，而且还能为这里的交通运输提供十分方便的条件和丰富的水源，在离平坝不远的东北方向，有座大东山，西北方向有座大隆山，这两座山虽然没有陡峭茂密的森林，但同样具有一定的隐蔽性，像两扇大门一样控制着通向高坝的水陆交通要道，附近龙溪河峡谷中有飞泻的瀑布，水力资源十分丰富，丛林中还隐蔽了一个电厂，可以为工厂提供强大的动力和照明用电。无论是地理环境、地质结构、防空疏散、交通运输、水源动力等都十分符合建厂条件[3]。于是，工厂从巩县迁入泸县。1938年4月，兵工署所属各厂番号重新改制，更名为军政部兵工署第23工厂。

第23兵工厂到了泸县，随即建设了蒸汽和柴油机火力发电厂。泸县就有了水、电两种电源，分属两个单位所有。为什么第23兵工厂要并购济和水力发电厂呢？这主要受制于时代的局限：1938年，新机发电后专供城区，旧机专供第23兵工厂。由于新机电量充足，营业蒸蒸日上，但好景不长，洞窝水电站发生人事变动，窃电之风又起，他们不敢取缔窃电，也不同意临时分区供电，使新机每夜都在满载下运行数小时。在超负荷运作下，一日下半夜高压发电机端子线圈冒烟烧毁，被迫中止发电，只好仍由旧机分区供电，经理在这种情况下消极辞职。洞窝水力电厂生产出现了较大的问题，第23兵工厂就是在这样的情况下收购了济和水力发电厂。

1940年1月，董事长又撰写了报告详细叙述了洞窝水电站出售的经过：兹因现有水库过小，遇大旱之年，间有缺水停电之虞，前年即进行贷款建库未成，改为贷款添置新机，并与驻泸军政部兵工署第23工厂交互供电合作，又因外汇困难，缓不济急，兼以本地自去年入秋后至今天久不雨，水源已枯，今春确难度过，自昨日起水电已停，改由第23兵工厂火电供给，且本厂无准备机械，一遇细微故障，皆有停电之虑。后惨遭敌机轰炸，繁盛市街尽付一炬。公司除市街线路一部损失外，用户大减，不过原有者五分之一，每月收支不敷甚巨，以致现状举债维持，而恢复市街线路更为无力。适于此时第23兵工厂有收用公司发电厂及厂城间输电线路之举，据其先后来函及由钧府面谕，皆谓系因对抗战兵工之需要，公司因见不能拒绝，又觉被毁线路既无款修复，时有停电之虑，对市民用电复欠安全，遂召集临时股东大会决议，以公司暂时缺置电厂，换取市民用电之安全，及恢复被毁之路线，本此与第23兵工厂交涉……公司供国家之贡献，为应尽义务。对市民用电为保障安全,现时公司虽暂向第 23 兵工厂购电供给市民,自方暂无电厂,但一旦时机许可,决即另设较大之厂,以供战后较大之需求,在此国难期中,因事实之碍难,及国家之需要,不得已作此变通之法。官方公文中也传达了这样的观点,例如 1941 年 11 月国民党政府经济部咨请转饬查明济和水力发电厂文中说"原系该公司愿意让售,并作征用……"[6]。

购让泸县济和水力发电厂合约(1935 年 12 月 8 日)

军政部兵工署第 23 工厂(以下简称甲方)愿意购置、泸县济和水力发电厂股份有限公司(以下简称乙方)愿意让售所有洞窝水力发电厂及高压输电线路、两部设备(包括地产、堤工、机器设备及杂项等四类详列清册),议定条款如左:

第一条　照清册所开各物,甲方应偿付乙方总价国币三十六万元正。

第二条　上述价款在本约签字日交付二十五万元,其余十一万元俟一切产权由双方交割清楚之后付清,但交割手续务须在签字后一个月内办理清楚。

第三条　发电部分签字后即行移交接收,移交接收第一个月内乙方工务人员应帮助甲方使用所有机械,并应负责指导,甲方引进工人以资熟练,工资由甲方支给。

第四条　乙方立案区域内之营业权仍为乙方保有,移交后由乙方向甲方购电,并另立购电合约规定细则。

第五条　乙方过去如有债权债务及任何交涉,概由乙方自理,与甲方无涉。

第六条　本合约一式两份,双方各执一份,以永远承照,另备副本八份,以供甲方呈送备案之用。

立合约军政部兵工署第 23 工厂代表人　吴钦烈

济和水力发电厂股份有限公司代表人　税西恒

见证人　泸县县政府代表　黄立三

但我们从济和水力发电厂被征用的合同可以看到,表面上第 23 兵工厂是正常的收购行为,仔细品读却能发现其中的不公允。当时在国民党政府的统治下通货膨胀非常严重,电价水平相当高,物价飞涨,此外国民政府在征购济和水力发电厂时,故意压低价格,济和水力发电厂第一期工程耗资 31 万银元,第二期仅机组设备就耗资 4 万元,还有建设调节水库的投资,估计到 1939 年底洞窝水电站的固定资产价值应不低于 60 万银元,但济和水力发电厂只得到 36 万元国币的价款,并不公允。经过这样分析可见,在抗日战争期间,国难当头,国内通货膨胀剧烈的条件下,国民党政府借"抗战"之名,不仅低价收购,还要粉饰低价收购、吞并民族工商业的行径,是十分恶劣的。

实际上,第 23 兵工厂早已建成了蒸汽及柴油机电厂,并与济和水力发电厂的电网互相沟通,有互相售电的关系,当时完全可以不收购洞窝,而采取购电解决。第 23 兵工厂是国营企业,他们看到相比火电,水电的优越性是十分显著的,于是生出合并之心。在 1938 年 3 月 10 日购电合同第一条就写到"在求双方利益划期相互供电,以增进双方之稳定性,同时利用水力以节省燃料",这份购电合同济和水力发电厂在多方面做出了让步。例如合同的第二条"每年自五月起至十二月止为洪水期,在此八个月内由乙方(济和水力发电厂)供电甲方(军政部兵工署第 23 工厂),自一月起至四月止,为枯水期,在此四个月内,由甲方供电乙方",可见水电发电 8 个月,火电发电只有 4 个月,水力发电的时间更长。此外,水力发电的产能更甚。如购电合同第三条"甲方供电乙方时期,白昼以百千瓦,夜间以三百五十千瓦为限;乙方供电甲方时期,白昼以六百千瓦,夜间以四百千瓦为限,系合灯热三种计算。"在电费计算方面,也是以甲方为主导。火力电价随煤价升降而浮动,煤价高电价随着升高,煤价降低,电价随着下降。水电则按电量多少划分为三段,分段计价,体现了基本电能和季节性电能的差价。如购电合同第四条"甲方供电乙方之电费,以每度国币四分计,在甲方用煤价值超出每公吨十六元时,由乙方加贴超出每公吨十六元以上之煤费,每度电以用煤二公斤为标准。每月包四万度,不足四万度以四万度计。乙方供电甲方时,每月在十万度以内者,每度电价为四分;在十万度以外时,二十万度以内,其超出十万度之数每度单价为三分;在二十万度以外时,其超出二十万度之数每度电价为二分五厘,每月包度为六万度,不足六万度,仍以六万度计。"

税西恒面对济和水力发电厂惨遭日机摧残,国民党政府强迫征用时,正面斡旋,1939 年 12 月 8 日济和水力发电厂将水电站出让给第 23 兵工厂的同时,为了发挥水、火电厂的优势,水火联网运行,又与第 23 兵工厂订立了购电合同,这是我国最早的水火联网运行合作供电的合同。

购电合同[7]

第一条　军政部兵工署第二十三工厂(以下简称甲方),泸县济和水力

发电厂股份有限公司(以下简称乙方),依据双方订立购让泸县洞窝水力发电厂合约的第四条之规定,订立购电合同如下:

第二条　乙方用电限制:除甲方泸城西郊洽庐用电外,每日自晨六钟至晚六钟不得超过二十千瓦,自晚六钟至晨六钟不得超过八十千瓦,非商得甲方同意,不得自行增加。

第三条　晚间用电时间如甲方因特种原因必须更改时,应于一周前通知乙方。

第四条　电价按乙方变压器室所装之电度表数字计算,每千瓦小时由乙方付甲方国币一角,如以后乙方出售灯电价每千瓦小时超过国币五角或低于国币四角,应照所增减电价百分之三十计算增减之。

第五条　甲方泸城西郊洽庐电应经由乙方一部分线路输给,其电价按洽庐所装之电度表计算,照第四条规定之甲方售价,由乙方向洽庐收取电费,缴付甲方。另由洽庐给予乙方线路损失费以电费百分之十计算之。

第六条　每月月底,由甲乙双方会同抄表一次,计算应收电费,通知乙方,乙方于收到通知后五日内付清电费。

第七条　自让渡以后,如水电部分发生故障,甲方尚有其他余电供给时,双方得临时洽商供电办法,其电价除照第四条计算外,乙方须另给贴费,贴费计算标准以每千瓦小时加给国币四分为底贴,若甲方购运煤价每吨超过国币三十元,则每吨煤价每增加一元,每千瓦小时之贴费除底贴以外,加给煤贴国币二厘。

第八条　本约以三年为限,期满后如乙方尚未自建发电厂或向他厂购电时,继续商订条约。

第九条　本约不论乙方名称或主权有无变更,继续有效。

第十条　本约一式两份,双方各执一份,以资遵守,另备副本八份,以供甲方呈送备案之用。

立合约军政部兵工署第 23 工厂代表人　吴钦烈

济和水力发电厂股份有限公司代表人　税西恒

见证人　泸县县政府代表　黄立三

这份购电合同是在 1939 年 3 月 10 日购电合同基础上的补充,从购电合同可以看出,税西恒在谈判中努力争取济和水力发电厂的权益,事无巨细,考虑十分周全,这个合同是在计量手段极为简陋的条件下,对不同质量的电量规定了不同的价格,比较合理地保留了电厂,继续保证泸县供电。电费收入的分配上,发电一方得四分之一到五分之一,而供电一方得四分之三到五分之四,这份购电合同也可以反映出抗战时期国内经济状况堪忧。两份购电合同时间相差仅9个月,第一份合同中列出的煤炭价格为16元,而第二份合同中煤炭价格就上升到30元,煤价上涨翻倍。电价第一份合同规定为4分,而第二份合同则规定为10分,电价更是上涨了150%,电价水平不是一般家庭所能承受的。这也反映出当时的经济状况,因物价飞涨,老百姓生活较为困顿。像税西恒这样有作为、渴望实业救国的知识分子,虽然殚精竭虑,在旧中国仍难以实现其理想。

二、洞窝水电站的扩建历程

济和水力发电厂通电后,采用交流升压输电,结束了泸州人用煤油、桐油照明的"黑暗历史"。但由于最初发电量有限,为了适应用电需求,电站经历了1930年、1940年、1950年、1980年四次大规模扩建,多次升级电站设备,发电至今不止。

(一) 1930 年代扩建

济和水力发电厂在发电投产后头三年中,负荷只有包月灯千余盏,收入甚少。后来加强管理,清理了供电线路,取缔了窃电户,调整了负荷,营业收入才大幅增加。随着业务的发展和效益的增加,结合农田灌溉,20世纪30年代在洞窝上游先后续修了二级谷西滩坝、三级特陵桥坝,库容分别为226万立方米和50万立方米,大大改善了电站的调节性能。另外,还发展了碾米厂一户和修械所一户,电站开始全日供电。

水电站建成投产后,筹建处改为公司营业部,命名为"四川省泸县济和水力发电厂股份有限公司",正式供电。1931年,税西恒转赴重庆筹建自来水厂和火力发电厂,改兼任济和水力发电厂的工程顾问。公司聘请税西恒任总工程师,领导公司技术管理、调配、培训等工作。电厂正常运行后,税西恒还注重培养技术骨干,不仅积极筹措为电厂创办了技工学校,培养技术骨干,第一期主要招收股东子弟,第二期面向广大民众公开招生。这批人才为济和水力发电厂,为以后四川的经济建设起到了一定的作用。

1935年,电厂营业额继续增加,随着业务的不断发展,用电需求大大增加,原有机组已不能适应需要,开始提存公积金,筹备扩建新厂。1936年,由衷玉麟为首的五人董事会请税西恒返厂商定扩建方案,由税西恒出面向汉口德商订购新的机器设备,文启蔚负责扩建工程。扩建主要是扩建引水系统,另建厂房。

主厂房设在 140 千瓦机组厂房下游同侧 20 米处,在基岩上开挖出水轮机层和 8 米长的尾水管尾水室及部分发电机层,厂房是按安装两台 240 千瓦机组设计的。主厂房和副厂房是就地取材开采加厚条石,用石灰糯米浆砌筑墙体而成的,发电机层楼面及厂房屋顶均为钢筋混凝土结构。新厂扩建工程包括加宽和延伸引水渠道,在原压力水管侧 10 米处开凿直径为 1.2 米的竖井 1 个,长 27 米,斜洞 1 个,长 3 米,横洞 1 个,长 5 米,从压力前池引水进入在砂岩中凿成的厂房,厂房按照装机 2 台设计,尾水洞长 8 米。

由于当时条件简陋,扩建是用较为原始的方式开始的。开挖时在井口上安装一台手摇绞车,用粗绳系一个结实的藤编箩筐,将工人用筐放下,开凿的废渣弃石用筐提上井口卸除后再放到井下。每隔一个时辰更换一名工人,每次只容纳一名工人下井作业,周而复始地进行。开挖到一定深度时,每天作业前先在筐中装一只鸡放到井下检测有无瓦斯气体,在确认无异常情况后再把工人放到井下作业。竣工后的竖井入口呈鸭嘴形,垂直深度 27 米,斜井段长约 8 米,水平段长约 5 米,末段用钢管插入洞内,钢管四周与岩体之间用混凝土灌浇密实,钢管另一端与机前闸阀连接。1937 年,税西恒向德国孔士洋行订购了一台 240 千瓦立式机组,容量增加了一倍,订购的水轮发电机组一套到货后,发电机容量为 240 千瓦,功率因数为 0.8,额定电压为 6 000 伏,转速为 1 000 转/分。经过安装、调试,于 1938 年底正式投产发电。至此,济和水力发电厂共 2 座厂房、2 台机组,总装机容量为 380 千瓦。令人惊叹不已的是,在引水渠与主厂房之间极难架设压力水管的情况下,税西恒独具匠心、因地制宜,土法上马,在没有任何机械、电动工具的条件下,硬是用人工一锤子一钻子地在坚硬的岩石上开凿出一条石质压力水管竖井,并准确地与主厂房水机层贯通,这其中包含的地质测量和工程技术已有了很高的含金量,德国孔士洋行的工程师前来参观,称赞说:税工程师学识之渊博,经验之丰富,诚属罕见。这条石质竖井经过整修加固一直运用,至今仍在安全运行且从未发生过故障,真是令人惊叹。扩建后的济和水力发电厂如图 3-4 所示。

扩建工程充分体现了税西恒既有真才实学,又有结合实际的卓越才能。税西恒对水电站周边地区的岩石地质构造了然于胸,扩建的电站大坝、引水渠、压力水管,厂房开挖与建筑都充分体现了科学施工与传统技艺挖、凿、砌、筑的完美结合、运用自如。

泸县县政府技士张其鋆查验济和水力发电厂新机的报告如下:

"窃职奉派查验泸县济和水力发电厂股份有限公司新装水力发电机,兹遵

图 3-4　1936 年扩建的济和水力发电厂

图片来源：泸州龙马潭区两馆办提供

于本月五日前往该发电厂会同该公司工程师逐一查验。其水力机为立式法兰西斯式，系德国加满亚厂出品，马力 390 匹，设计水压 32 公尺，吸管 5 公尺（现有水压 32 公尺，真空 7 公尺），速度每分钟一千转。调速器用油压尚灵活准确，承重轴承设计用黄油，现不适用，改用车油循环冷却系统，温度可保持在摄氏40 度以下，水力室及管道均为岩石凿成，坚固耐用。其发电机亦系立式，用考配合直接水力机，速度亦每分钟一千转，容量 300 千伏安，三相交流 50 周期，电压 6600 伏，直流励磁机一部，规定电压 78 伏，电流 40 安培，为德国爱而伊凡厂出品。附高压配电铁柜一只，所有交流电压、电流电力表各一只，直流电压、电流表各一只，附表用变流器及变压器各二只，油断路器一只，高压冷克一只及励磁变阻器一只。据该厂工程师云：经开车试用数次，水力机与发电机震动均小，所得最高之设计出力为水压 32 公尺，真空 5 公尺，电力为 225 千瓦。真空应有 7 公尺，嗣经改善后得 7 公尺时，增加出力至 240 千瓦，但其时电压为 6 千伏，电流为 27 安培。如此证明该机现时电流已超出定量 26.5 安培，而入于不安全之境地，现又从事改正，以保安全等语。当经开车验证所得结果，与该厂工程师所言无异。具见该项新机除电流器有超出定量外，构造尚属良好，安置亦颇完善，尽堪应用，理合将查验结果检同新机照片，签请鉴核。谨呈兼县长程。"[8]（报告时间为 1938 年 11 月 18 日）

　　四川省政府主席王缵绪、建设厅厅长何北衡于 1939 年 1 月 22 日签署训令："建工字第 1488 号令泸县政府，案查兹据该府呈报该县济和水力发电厂装置新机施工经过情形一案,业经本府指令并转请经济部核,兹准工字第 20361号咨复:该厂所装新机,既经派员查验,安置尚属良好,自应准予使用。等由准此,合行令仰知照,并转饬知照。"[8]

可惜的是,济和水力发电厂良好运营状态并未持续太久。1937 年抗日战争全面爆发,1939 年 9 月日军飞机轰炸泸县,最多时一天竟达 27 架次,导致全城大火,济和水电站公司无力经营,遂将电厂卖给国民政府第 23 兵工厂,全部技术人员及工人转入第 23 兵工厂。1939 年第 23 兵工厂购买济和水力发电厂资产后,根据地形将电厂改名为"洞窝水电站",为兵工厂生产供电。但因电厂专利期未满,电厂又买回城区供电设备,继续负责供城区用电,直到 1944 年专利期满后,济和水力发电厂股份有限公司历史终结。

(二)1940 年代改扩建

1941 年,在冯宗蔚、钱高信两位工程师主持下,着手继续扩建洞窝水电站的筹备工作。他们根据龙溪河水力资源的实际情况和以税西恒先生扩建 240千瓦机组提供的厂房、压力水管、引水系统为基础,为洞窝水电站第二次扩建量身选择了两台符合洞窝水能潜力和最佳运行方式的水轮发电机组,使洞窝水电站水利资源得到更为充分更为经济的利用,既节省了大量建设投资,又使资源开发一步到位。

电站扩建最重要的组成部分是由当时的国家银行贷款,向美国通用公司订购的两台 500 千瓦混流式水轮发电机组,如图 3-5 所示。机组为立轴混流式,水轮机为铸铁蜗壳、铜转轮,直径为 640 毫米,调速器为离心摆式,可用手动和自动两种操作方式。水轮机功率为 730 匹,设计水头 34 米,最大水头 36 米,设计流量为 1.83 立方米/秒,同步转速 600 转/分;发电机额定容量为 625 千伏安,额定电压为 3 000 伏,功率因数为 0.8,同轴励磁并带有永磁机,配有 3 000伏级高压开关柜、发电机继电保护屏和两台 750 千伏安升压变压器,通过变电站和高压输电线路(丁路)与工厂电网连接。

两台水轮发电机组运到中国颇为辗转曲折。时值太平洋战争爆发期间,作为重要战略物资的水轮发电机组只能绕道从海上经缅甸、云南,冒着敌机轰炸的危险,用车运,用大象拖,用人力拉,非常艰难地运到泸县,再用木船运到龙溪河口,在没有公路通往洞窝水电站的情况下,利用长江洪水抬高龙溪河水位时逆流而上运至洞窝水电站起岸。

1942 年洞窝水电站动工扩建引水系统,电站大坝经重建改造后从 2.5 米加高到 3.2 米。在距引水渠末端 67 米前修建了容积约 1 200 立方米的压力前

图 3-5　通用产水轮发电机组

图片来源：https://www.meipian.cn/28mlsuh4

池和溢水坝。又将压力水管竖井内壁凿毛,抹一层高标号水泥砂浆,清光内壁修改压力水管入机房段,加大钢管直径为 0.9 米,分供两台水轮机的支管为700 毫米。利用洞窝水电站扩建的主厂房安装两台 240 千瓦机组的位置,安装两台 500 千瓦机组,凿深水轮机层以适应机组主轴高度,并重修水轮机蜗壳基础。同时开凿基岩扩建发电机层,用以安装发电机配套电板。浇筑发电机层钢筋混凝土楼面和屋面,1946 年完成引水系统扩建。1947 年拆除 240 千瓦机组,开始安装 500 千瓦新机组,然而,到了扩建的最后阶段,也正逢解放战争进入全面反攻阶段,国民党军队节节败退,时局混乱,水电站也人心惶惶,电站新机组安装进度非常缓慢,直到 1949 年 11 月泸州解放,尚未完成一台机组安装,洞窝水电站仅靠 140 千瓦机组维持运转发电。1949 年后,第 23 兵工厂改名为国营255 工厂,洞窝水电站也转由国营 255 工厂接管。1950 年洞窝水电站曾短暂交与川南电业局管理,抗美援朝战争爆发,为保证战时军工生产用电又交回国营255 工厂。从那时起至今,洞窝水电站一直是国营 255 工厂(即今泸州北方工业公司)的自备水力发电站。

(三) 1950—1970 年代改扩建

1950 年 2 月,洞窝水电站交由川南电业局管理。抗美援朝战争开始后,为了保证军工生产用电,电站又由川南电业局交回国营 255 工厂。同年 5 月 1日,原订美国的第一台 500 千瓦机组安装调试完成,开始发电。1952 年,第二台 500 千瓦机组也相继投产。这两台 500 千瓦机组是美国 1942 年产品,机组为立式。至此,电站的装机容量达 1 140 千瓦。1953 年,中央水利视察团到泸县视察洞窝水电站,认为在当时的条件下,能够建造这样坚固耐久的工程很不容易,特呈报中央人民政府,向税西恒颁发了奖状。电厂经过了几次改造,新的大型机组取代了原来的发电机组,而用石条砌成的拦水坝和引水渠经受住了无数次山洪的考验,至今仍在使用。同年,洞窝首座发电厂房的第一代机组(德国西门子制 140 千瓦)停运拆除,后于 1959 年调给四川石棉县南桠河上的水电站安装使用,这也是南桠河最早的水电站。

解放后国营 255 工厂根据生产发展的需要,开始了新一轮的扩建。这轮扩建不仅安装好了两台水轮发电机组,还对厂房后崖壁进行了非常重要的支护和防风化处理,清除了危石,用青砖砌筑四九墙支承凹岩腔,全岩面抹水泥砂浆以防风化。

1959 年,国营 255 工厂根据生产发展的需要,陆续扩建了火力发电厂,先后安装了两台 1 500 千瓦汽轮发电机组,淘汰了耗汽量大的 750 千瓦英国产汽轮发电机组(即 3 号机)。20 世纪 60 年代中期,又扩建了与电力系统联网的总降压站,先后安装了两台额定容量为 4 200 千伏安,额定电压为 35 000/6 300 伏的主变压器。工厂自备火电厂与水电站通过总降压站一与电力系统并网运行。但是,长期以来系统供电严重不足,自备火电厂两台国产 1 500 千瓦汽轮发电机组制造质量又存在先天性缺陷,故障频发,长期带病运行,不能满发供电。洞窝水电站因受径流变化和小库容限制,其运行方式只能根据季节变化,上游来水和企业用电规律确定每年丰水季节为充分利用水力资源,降低发电成本,电站机组便满开满发,用电高峰时段甚至短时超负荷运行。除丰水期外,洞窝水电站基本上作为工厂调峰电源使用,即平段少发,谷段停发蓄水,峰段满发满供。这一运行方式在一定程度上缓解了工厂在用电高峰时段受系统拉闸限电的威胁,保证了企业生产用电的要求。

至 20 世纪 80 年代初,洞窝水电站两台 500 千瓦机组投入运行 30 年,按常规已达到机组设计使用年限,设备磨损,绝缘老化已成不争事实。同时,龙溪河上陆续修建了大小二十余座水库和永寿、高洞、鱼眼滩、角溪滩、奇丰代滩、天星桥等七座小型梯级水电站。洞窝水电站位于龙溪河下游最末一级,即使是在四、五月龙溪河丰水期,洞窝水电站大坝库容也仅有 70.6 万立方米,加上谷西滩和得龙铺两座水坝总库容也只有 352.6 万立方米,每年丰水期洞窝水电站大坝大量弃水,根据电站大坝 20 年水文记录统计,平均每年弃水 87 天,最多一年弃水达 153 天,91.8 米宽的电站大坝最大弃水高度超过两米。因此,充分利用水力资源,节约能源降低成本,加大洞窝水电站的调峰能力,缓解工厂供电紧张的状态,保障电站机组设备安全可靠,便成为工厂能源生产管理的共识[9]。

(四) 1980 年代扩建

1982 年,国营 255 工厂生产规模扩大,尤其是军品任务大增,为了提供备用电力保障,工厂在电气工程师谢宗辉撰写的洞窝水电站水力资源调查报告基础上,向兵器工业部提出扩建洞窝水电站,新增 1 台 1250 千瓦机组,并改造两台 500 千瓦机组电气设备。1982 年 3 月,兵器工业部旋即下文批准,统一新增 1 台 1250 千瓦水轮发电机组,改造两台 500 千瓦机组的配电设备和控制设备。1983 年获批复开始建设,1986 年完工。

由于电站装机容量将增加一倍多,因此,这一次扩建大坝取水口、进水闸、引水渠和压力前池都需要扩建,同时,还必须另建主、副厂房和压力水管,用以安装新机组和变、配电设备及中央控制保护设备等设施。摆在扩建工程面前的第一大难题就是资金筹集,泸县水电局经过仔细调研,认为龙溪河水力资源丰富,洞窝水电站虽地处最末一级,仍有开发潜力,扩建电站是可行的,主动提出帮助洞窝水电站扩建,无偿承担引水系统扩建工程设计和 1/200 电站区域地形图测量工作,国营 255 工厂也给予资金支持对引水系统先行扩建改造。

这次扩建规模是历次最大的。扩建工程由四川省水电勘测设计院勘测设计,泸县牛滩建筑公司第七施工队承建。新厂房选址在 500 千瓦机组老厂房一墙之隔的下游同侧,并排修建,工程异常复杂,厂房前区地势十分狭窄,为了解决这一问题,工程队一方面在悬崖绝壁下垂直开挖,另一方面向厂房前区河滩要地,向外拓宽近 10 米砌筑高 5 米、长 50 米的条石堡坎,最终修建主副厂房面积达到 594 平方米,主厂房宽 11.7 米,长 16 米,高 19.5 米。扩建后的进水桥台和进水闸由原来的单孔露天手动双闸门扩建为双拱孔电动四闸门,引水渠加深加宽,过水断面增加约一倍,扩建后的拦河坝最大坝高 4 米,坝顶弧长 93 米,蓄水容积 87 万立方米。取水口为开敞式,设有高 2.4 米、宽 1.25～1.5 米的闸门 4 孔,经过长达 4 年的建设时间,工程总投资 135 万元,开挖土石方 1.07 万立方米,砌石 493 立方米,浇筑混凝土 950 立方米,单位千瓦投资 1079 元。拦河坝由 2.5 米加高到 3.5 米,库容扩大至 71 万立方米,新建厂房及新增 1250 千瓦机组于 1988 年建成发电[9]。

至今两台 500 千瓦发电机组和 1250 千瓦发电机组仍在正常运行。目前,龙溪河上的原洞窝梯级调蓄堰坝谷西滩增建电站 1 座,装 160 千瓦机组两台,特陵桥增建电站 1 座,装 200 千瓦机组两台。除此之外,在龙溪河上其他位置也陆续修建水电站,如高洞装 100 千瓦机组 3 台。鱼眼滩装 75 千瓦机组两台。龙溪河形成 5 个梯级电站群,5 个水库的总蓄水量达 571 万立方米,5 个电站共安装机组 11 台,总装机容量 3 420 千瓦,泸州龙溪河的水能资源得到了充分利用。建厂伊始发电,至今不止,洞窝水电站可谓记录和展现中国老工业历史的活文物。

目前,洞窝水电站依然是泸州北方公司重要的电能生产基地,除发电外,电站枢纽同时还承担为洞窝周边提供生产生活用水的任务。洞窝水电站建设历程可参见表 3-2 洞窝水电站建设大事年表。

表 3-2 洞窝水电站建设大事年表

年 份	洞窝水电站修建情况
1921	泸县白云人税西恒创议集资建设济和水力发电厂
1922	电站工程正式开工兴建
1923	电站安装 1 台 140 千瓦德制西门子卧式机组,投入运行
1925	2 月,济和水力发电厂建成发电
1931	在龙溪河上游谷西滩修建拱形砌石堤坝,蓄水容积 226 万立方米
1934	在龙溪河上游特凌桥修建堤坝一座,蓄水容积 50 万立方米
1938	集资扩建 1 台 240 千瓦德商孔士洋行立式机组,并安装完成;至此,电站装机容量达到 380 千瓦
1939	12 月,受战争影响,供电设施遭到破坏,济和水力发电厂交由第 23 兵工厂管理,改名"洞窝水电站"
1947	电厂拆除原有的 240 千瓦机组,打算在该机组位置上安装 500 千瓦机组,但未能实现
1950	2 月,洞窝水电站交由川南电业局管理;抗美援朝战争开始后,为了保证军工生产用电,电站又由川南电业局交回国营 255 工厂(原河南巩县第 23 兵工厂)
1951	5 月,电厂第一台美国通用电气公司引进的 500 千瓦立式小轮发电机组投产发电
1952	电厂第二台 500 千瓦机组投产,此时,电站的装机容量达 1 140 千瓦
1953	拆除 140 千瓦机组,电站总装机容量为 1 000 千瓦
20 世纪 60 年代中期	扩建了与电力系统联网的总降压站,先后安装了两台额定容量为 4 200 千伏安,额定电压为 35 000/6 300 伏的主变压器
1986	对水电机组设备增容改造,新增 1 台 1 250 千瓦机组

（续表）

年　　份	洞窝水电站修建情况
1988	泸州化工厂将洞窝水电站及其周边开辟为旅游景区
2010	以洞窝水电站为主体建成洞窝峡谷风景区，按国家4A级风景区的标准进行升级改造，一期工程完工
2012	洞窝水电站被列为四川省第八批重点文物保护单位

转引自《洞窝水电站价值评估与对比研究》（报告编号：JZ0203A142018-061泸州龙马潭区"两馆办"提供）

三、洞窝水电站的特点

洞窝水电站不论是横向与同期水电站相比较，还是纵向与后期水电站相比较，均有着鲜明的特点。

（一）当时综合效益最大化、性价比最高的水电站开发模式

水电站枢纽一般由七部分组成：挡水建筑物（如大坝、拦河闸）、泄水建筑物（溢洪道等）、水电站进水建筑物（取水或引水口）、水电站引水及尾水建筑物（输排水渠管道、隧洞）、水电站平水建筑物（调压室、压力前池等）、发电变电及配电建筑物（厂房、变电站、开关站等）、其他建筑物（船闸、鱼道、拦沙、冲沙工程等）。常见水电站型式的分类特点如表3-3所示。

表3-3　常见水电站分类特点一览表

类　　型		水头	流量	适用条件	优　　点	代表工程
坝式	坝后式	高	大	河流上、中游的高山峡谷	调节性好，便于管理	三峡
	河床式	低	大	河流中、下游	淹没损失小	葛洲坝
引水式	无压引水	高	小	多用于山区小型水电开发	工程量小，淹没损失小，造价低	湖北雪照河
	有压引水			河流坡降较陡、落差比较集中		隔河岩
混合式		不定	不定	上游有好坝址、下游有陡弯	综合效益最大化	洞窝

转引自《洞窝水电站价值评估与对比研究》（报告编号：JZ0203A142018-061泸州龙马潭区"两馆办"提供）

在一个河段上，同时采用高坝和有压引水道共同集中落差的开发方式称为混合式开发。高坝集中一部分落差后，再通过有压引水道集中坝后河段上另一部分落差，形成了电站的总水头。这种开发方式的水电站称为混合式水电站。

在工程实践中对被归入引水式水电站一类,较少使用混合式水电站的名称。混合式水电站适用于上游有优良坝址,适宜建库,而紧接水库以下河道突然变陡或河流有较大的转弯,同时兼有坝式和引水式水电站的优点。

洞窝水电站型式属引水式水电站(或混合式水电站),第一代 140 千瓦机组为卧式冲击式水轮发电机组,此后均为立轴混流式发电机组。斜击式水轮机,水流由喷嘴喷射出来沿着与转轮旋转平面成某一角度(约 22.5°)进入叶片,适用于高水头、中小型的水电站。

(二) 第一座由中国人设计、建造的水电站

龟山水电站是中国国土上最早的一座水电站,位于台湾台北的淡水河新店溪上,始建于清末 1905 年,龟山水力发电站的建设促进了台湾水电的建设和发展,对台湾的水力发电、能源发展,以及工业化和现代化有着重大意义。石龙坝水电站位于云南省昆明市郊滇池出口螳螂川上,该电站 1910 年 7 月正式开工,由云南地方创议商办,交由德商礼和洋行承包设计和施工,并向西门子洋行订购机组,于 1912 年 5 月开始发电,最初安装两台 240 千瓦水轮发电机组,以后陆续扩建,到 1937 年装机容量达 2 200 千瓦,直到 20 世纪 50 年代,总装机容量一直维持为 2 920 千瓦,是中国大陆最早的水电站。洞窝水电站筹建于 1921年,是第一座由中国人设计、建造的水电站。

如果将三个水电站进行深入比较,可以发现,从始建时间来看,台湾龟山水电站是中国第一座水电站(1905 年),云南石龙坝是中国大陆地区第一座水电站(1910 年),前者是日据时期由日本人设计并投资建造,后者由中国人投资建造、聘请德国技术人员设计。洞窝水电站(1922 年)是由中国留学归来的水电专家税西恒主持设计并筹资建造的水电站,虽在建设时间上晚于龟山和石龙坝,但它是中国境内第一座由中国人设计、中国人投资建造的水电站,在中国水电发展史上具有标志性意义。

此外,洞窝水电站与我国早期兴建的云南石龙坝、西藏夺底沟等水电站相比,有相同之处,如都属于低坝引水式低水头电站,但在蓄水方式上却别具一格,石龙坝水电站依靠天然洲泊滇池调节径流,夺底沟水电站仅靠一个火坝、水库调节河川径流,而洞窝水电站依靠河流梯级水库联合调度,提高径流调节能力,如图 3 - 6 所示。

图 3-6　洞窝水电站别具一格的蓄水方式

图片来源：泸州龙马潭区两馆办提供

参 考 文 献

［1］朱成章.关于泸县洞窝水电站［J］.四川水利志通讯,1985(8)：106-115.

［2］谢宗辉.洞窝水电站概况［J］.四川水利志通讯,1985(8)：101-104.

［3］卓政昌,姚国寿,曾逸农.风雨洞窝——四川水电开发的源头［J］.四川水力发电,2010
　　(3)：143-146.

［4］徐慕菊编.四川省水利志(第五卷)科教篇［M］.成都：四川省水利电力厅,1989：295.

［5］巩县志编纂委总编辑室.巩县文史资料第12辑［M］.政协巩县文史资料研究委员会刊
　　印,1984：12.

［6］文启蔚.税西恒创建泸州洞窝水力发电站始末［J］.四川水利志通讯,1983
　　(2)：37-38.

［7］文启蔚.四川泸县济和水力发电厂补遗［J］.四川水利志通讯,1985(8)：104-106.

［8］徐慕菊.四川省水利志(第五卷)科教篇［M］.成都：四川省水利电力厅,1989：
　　295-296.

［9］谢宗辉.洞窝水电站九十二年光辉历程［M］.成都：成都品诚文化传播有限公司,
　　2018：11-15;16-20.

第四章

洞窝水电站工业遗产的价值

洞窝水电站(原名泸县济和水力发电厂)位于泸州市境内,是继云南石龙坝水电站之后我国修建的第二座、四川第一座水电站,也是中国人自行设计和施工的第一座水电站,现为四川省文物保护单位。至今,电站已运行近百年,特别是两台 20 世纪 40 年代美国通用公司生产的水轮发电机组至今仍在运行发电,在全球范围内亦属罕见。它是我国近现代工业遗产的典型代表,也是仍然在发挥经济效益的四川省最老的工业遗址。历经 100 年的洞窝水电站见证着中国水电百年的历史,是四川人爱国救国济国和创造历史的见证,充分体现了中华儿女的艰苦奋斗精神、吃苦耐劳精神以及爱国主义精神。它具有重要的社会价值,它是四川最老的水电站,四川省唯一水力发电活态工业遗产和我国近现代工业遗产的典型代表,也拥有较高的工业遗产开发利用价值。

近年来,对工业遗产的再利用研究成果较多[1-6]。一方面,研究成果较多集中在工业遗产旅游领域,通过知网搜索有近 200 篇相关论文。赵东平[7]通过简要回顾国内工业遗产旅游研究历史进程,从工业遗产旅游的国外发展模式经验借鉴、工业遗产的旅游价值、旅游开发与遗产保护等几个方面对近年来国内工业遗产旅游研究现状进行分析和阐述。目前,国内工业遗产旅游研究主要集中在以下几个方面:一是对国外工业遗产旅游的介绍[8];二是对工业遗址点上的旅游开发研究。例如李小波分析了古盐业遗址的旅游开发新思路;李林和肖洪根对湖北十堰工业旅游资源的研究;钱静对工业遗产的景观利用提出了建议[9-12];三是对老工业城市和资源衰竭城市开发工业遗产旅游途径研究。四川工业遗产研究也有一些成果,既有夏芳《四川省工业旅游资源调查和评价》[13]对工业遗产旅游的总体调研,也有王成武对威远、刘建成对广安、何林君对绵阳等地工业遗产旅游开发的案例探讨。

另一方面,工业遗产保护与再利用研究也是重点研究领域。曾锐等对国外工业遗产保护研究做出了综述[14],马令勇对工业遗产保护与再利用进行了研究[15]。他们指出研究主要从以下三个角度进行：第一，工业遗产与城市规划及城市文化相结合；第二，工业遗产保护和景观设计相结合；第三，工业遗产研究与城市旅游发展相结合。研究成果主要分为工业遗产保护理论研究和实践应用案例两个部分。理论研究方面，俞孔坚和方琬丽在《中国工业遗产初探》中论述了工业遗产的相关理论，对我国具有代表性的工业遗产作了完整的梳理和总结[16]。工业遗产保护案例研究方面，张松、陈鹏从城市整体规划和改造的角度对上海市虹口区工业遗产现状和再利用进行了可行性操作实践；刘伯英和李匡对北京工业遗产保护和再利用展开总结；许东风对重庆工业遗产保护利用与城市振兴进行了实践层面的探讨，而且对山地工业遗产这一类型保护与利用进行了理论思考[17-19]。

水电站工业遗产研究成果为数不多，《石龙坝水电站工业遗产保护初探》[20]论述了石龙坝水电站、丰满水电站等工业遗产的开发利用情况。专门述及税西恒与洞窝水电站的专著与论文成果更少，对税西恒与洞窝水电站介绍最详细记叙的是《四川省水利志(第五卷)》[21]科教篇，收集了两篇回忆性文章《四川泸县济和水力发电厂》《关于泸县洞窝水电站》及文启蔚所著《税西恒创建泸州洞窝水力发电站始末》，更多的是《我国首座自主设计建造的水电站》这类普及性报刊文章。谢宗辉《洞窝水电站九十二年光辉历程》、杨秀丽《透过档案看洞窝水电站的前世今生》[22]对洞窝水电站创建发展做出了详细介绍。2018年，泸州龙马潭区委托中国水科院水利史研究所完成了《洞窝水电站价值评估与对比研究》，形成了"洞窝水电站是中国第一座中国人自主设计建造、经营管理的水电站，是现代水利科学技术引入中国的重要奠基，是水电工程与现代工业同时艰难起步的历史见证"；"洞窝水电站水利枢纽工程布局科学，施工工艺精良，是中国近代水利技术的杰出典范"；"洞窝水电站开启了西南水力资源开发的新时代，是承前启后的标志性工程。以洞窝水电站建设为开端，龙溪河成为中国第一条完成梯级水力开发的河流"等评审意见。但这一研究报告没有放置于时代背景下挖掘其历史价值，提升时代价值，尤其是缺乏后续开发利用思考。因此，以洞窝水电站工业遗产开发为案例对水电站工业遗产开发利用进行研究有一定的价值。

一、洞窝水电站在中国水电史上的历史地位

洞窝水电站从一库一厂一机，逐步发展到五库一厂二机，再发展到五库五站十一机，前后经过了50年左右的时间，见证了中国水电开发的历程。洞窝水

电站在中国水电史上有着重要的历史地位。

（一）洞窝水电站是第一座由中国人设计、建造的水电站

洞窝水电站始建于 1922 年，1925 年第一期机组发电，当时政府命名为济和水力发电股份有限公司，允其专利 30 年。洞窝水电站是见证中国近代早期水电工程建设发展的代表性遗产，是第一座中国人设计建造的水电站，由第一批留学归国人员主持设计建造，在中国水电发展史上具有重要意义，洞窝水电站的工程也具有近代从传统走向现代化的过渡时期的鲜明时代特征。税西恒翻开了四川水电建设的历史篇章，是四川水电开发的鼻祖。

洞窝水电站的建成为四川工业的发展提供了电力资源，促进了四川社会经济的发展，为当地居民生活水平的改善和提高作出了巨大贡献，也在一定程度上改变了国人对水电的认识。"变无用为有用，为人类服务，取之不尽，用之不竭，其最显著之例，要称水力发电。昔日原野荆棘，丛山峻岭，人迹罕至，今则市廛林立，工业勃兴，家给人足。"

1953 年中央水利视察团考察了洞窝水电站，曾呈报中央给税西恒颁发奖状，表扬其在困难条件下艰苦办电。洞窝水电站主体工程设施保存至今，且其发电效益自 1925 年建成之后从未中断，至今仍在发电，而且继续为兵工生产服务，这在中国早期建设的水电工程遗产中是不多见的。

（二）洞窝水电站开启了中国水电工程科技自主发展的历史进程

洞窝水电站是中国水电事业起步阶段的历史见证。1920 年代中国第一批海外留学人员抱着科技救国的愿望陆续归国，将西方各领域现代工业科技引进中国，洞窝水电站就是在这样的背景下，由留德工程师税西恒主持设计建造。在洞窝水电站之前，中国建设的几座水电站如云南石龙坝、台湾龟山等，都是由国外工程师设计建造。例如中国大陆最早的石龙坝水电站于 1908 年筹建，1910 年开工建设，1912 年 5 月建成投产发电。该厂是由云南民间集资创办和管理，实行国际招投标，引进德国西门子公司生产的两台 240 千瓦发电机和伏依特公司生产的水轮机，聘请两名德国工程技术人员协助建设的中国第一座水电厂。石龙坝水电站还建成了中国第一条高压输电线路，从此结束了我国没有电网的历史。

洞窝水电站的兴建则是中国水电开发由外国人设计建设向中国人自行设计建设发展的转折点。在洞窝水电站之后，中国人自己设计建设的水电工程越来越多，先是海外留学人员为主导，慢慢国内自己培养的水利水电工程师也成长起来，成为主导设计师，水利水电科技也快速发展。到现在，中国的水利水电工程技术已处于世界领先水平,三峡、二滩、溪洛渡等一批标志性的水电工程建成发电,水利水电也成为中国向国际技术输出的重要领域。在中国水电发展历程中,洞窝水电站的建设具有里程碑意义。

习近平总书记在 2018 年 4 月 24 日考察三峡水利枢纽讲话时特别指出:"大国重器必须掌握在我们自己手里,要通过自力更生,倒逼自主创新能力的提升。试想当年建设三峡工程,如果都是靠引进,靠别人给予,我们哪会有今天的引领能力呢。我们自己迎难克坚,不仅取得了三峡工程这样的成就,而且培养出一批人才。"[23]2019 年 8 月乌东德水电站被誉为世界上最"聪明"的水电站,这些水利水电枢纽工程的科技成就起点正是洞窝水电站的修建。

当代中国的水电事业发展已经取得了举世瞩目的成就。水电开发大致以1978 年改革开放为界,经历了两个大的发展阶段。之前,中国是国际上修建水库大坝最活跃的国家,30 米以上的大坝由 21 座增加到 3 651 座,总库容增加到约 2 989 亿立方米,水电总装机增加到 1 867 万千瓦,大坝建设的主要目的是防洪、灌溉等。但是,由于受技术、投资等因素制约,虽然取得了很大的成就,但总体上与发达国家比还比较落后。改革开放后,以二滩等特大型大坝建成为标志,中国水利水电建设实现了质的突破,由追赶世界水平到不少方面居于国际先进和领先,很多工程经受了 1998 年大洪水、2008 年汶川大地震的严峻考验。21 世纪以来,以三峡、南水北调工程投入运行为标志,中国进入了自主创新、引领发展的新阶段,先后竣工的小湾、龙滩、水布垭、锦屏一级等工程的建设技术不断刷新世界纪录。这一阶段中国更加关注巨型工程和超高坝的安全,注重环境保护,在很多领域居于国际引领地位,同时也全面参与国际水利水电建设市场,拥有一半以上的国际市场份额。2004 年 9 月,我国水电装机突破 1 亿千瓦,2010 年 8 月突破 2 亿千瓦,位居世界第一,为我国国力提升注入了新的活力。截至 2016 年底,我国水电装机 3.32 亿千瓦,水电年发电量约 1.18 万亿千瓦时,装机容量和年发电量均位居世界第一位。目前我国水能资源的经济开发度约为 67.3%,技术开发度约为 47.7%,与发达国家相比有较大差距,也有较大提升空间。总体上,发达国家水能资源开发程度总体较高,美国、瑞典、奥地利的水电经济开发度达 80% 以上,德国、英国、西班牙、瑞士、挪威等国水电经济开发度高达 90% 以上;世界水电开发的技术开发度,奥地利、意大利的水电技术开发度达 80% 以上,瑞士、芬兰的水电技术开发度达 90% 以上[24]。

(三)洞窝水电站的开发掀起了四川水利查勘的浪潮

20 世纪 20 年代,洞窝水电站建设启动以后,国民政府对主要江河流域开始了水电开发规划。1923年,国民政府资源委员会成立水力组,对浙江省的瓯江支流大溪和小溪以及四川省的龙溪河进行查勘。1932年10月至12月,由中美电力、水利和测量工程师共5人组成的长江三峡勘测对长江三峡进行了为期2个月的查勘,提出了《扬子江上游水力发电勘测报告》。该报告提出了三峡水电站的两处坝址:葛洲坝和黄陵庙。1944年,资源委员会邀请美国垦务局总工程师萨凡奇(J. L. Sarage)来华协助查勘三峡水力资源,萨凡奇曾主持过60多座水坝的设计,其中包括著名的鲍尔德和大古力水坝。他后来在四川长寿提出了《扬子江三峡计划初步报告》,提出了长江三峡段5个坝址方案。规划中最大水电站的年发电量为1056千瓦,水库库容270亿立方米。这一计划称为"萨凡奇计划",引起了中美双方的瞩目。1945年成立了以钱昌照为主任的"三峡水力发电计划研究委员会",并与美国垦务局签订了合作开发条约,后工作中止[25]。同一时期,在长江的上游支流岷江、大渡河,以及淮河等江河上相继开展了水力开发的前期勘测工作。

1938年,国民政府还成立了龙溪河水力发电工程处,负责开发四川长寿附近的龙溪河和桃花溪。龙溪河规划原计划分四级开发,至1949年,第二级上硐和第三级回龙寨进行了部分土建工程,最上游一级狮子滩尚未动工。

1939年,国民政府还成立全国水力发电勘测总队,在西南和西北地区查勘了一些中小河流,如四川宜宾附近的南广河和横江、西昌附近的安宁河、成都附近的岷江上游、贵阳附近的猫跳河、西宁附近的湟水等,并对全国水力资源做过不完全的初步估算。此外,西南联大工学院对云南省一些河流进行了查勘,如昆明附近的螳螂川、昭通附近的洒渔河、沾益附近的南盘江上游干支流、大理附近的西洱河、腾冲附近的叠山河等。

1940年,在岷江电厂筹备处下成立了大渡河水力发电工程处,研究从大渡河至马边河引水发电的方案,并做了一些勘测工作。因资金缺乏,经农民银行贷款在马边河的清水溪建了一个提水灌溉工程。

1945年底,将龙溪河水力发电工程处、全国水力发电勘测处、岷江电厂大渡河工程处等各水电单位联合成立全国水力发电工程总处,下设华中、川西、云南、兰州、钱塘江、�江等勘测处(队),对长江三峡、湖南资水、云南普渡河、黄河朱喇嘛峡、浙江新安江、广东瀚江等进行勘测规划。

受国民政府水力查勘的刺激,日本帝国主义还对东北诸河进行了查勘,拟定了"水主火辅"的规划方案;对黄河中游、永定河、拒马河、滦河等进行查勘,也拟订了梯级开发方案,其中包括三门峡、官厅、紫荆关等工程[26]。

（四）洞窝水电站的开发为中华人民共和国成立后水电开发提供了实践经验

洞窝水电站为引水式电站，站址处龙溪河流域面积为 518 平方公里。多年平均流量每秒 6.58 立方米。上游有调节水库三溪口，总库容 2 150 万立方米。扩建部分设计水头采用 33.7 米，引用流量每秒 5 立方米。扩建后电站枢纽包括拦河坝、取水口、引水渠、压力前池、进水室、压力钢管、主副厂房等。拦河坝为浆砌条石单拱坝，最大坝高 4 米，坝顶弧长 93 米，蓄水容积 87 万立方米。取水口为开敞式，设有高 2.4 米、宽 1.25～1.5 米的闸门 4 孔。引水渠断面为矩形，底宽 5.2～1.6 米，底坡 1.8‰，全长 211 米。压力钢管直径 1.5 米，长 70.2 米（设计最大水头 44 米），以半隧洞式嵌入砂岩岩壁。压力前池底宽 2 米、总长 16 米。扩建主厂房为地面式，宽 11.7 米，长 16 米，高 19.5 米。主副厂房面积为 594 平方米。扩建工程总投资 135 万元、开挖土石方 1.07 万立方米。砌石 493 立方米，浇筑混凝土 950 立方米。单位千瓦投资 1 079 元[27]。

洞窝水电站印证了小水电的优点是一次总投资少，工期短，见效快，但由于小水电的设备简陋，调节性能差，供电可靠性低，相对来说它的经济使用寿命要比大中型水电站短。洞窝水电站从 1925 年建成到 1946 年的 20 年间，先后经过几次改建和扩建，中华人民共和国成立后兴建小水电的实践也证明了这一点，小水电的寿命为 25 年以内，这为小水电站开发提供了实践经验，也证明了修建大型水电站的必要性。

二、洞窝水电站在中国近代史中的地位

洞窝水电站是近代四川民族企业家实业救国的典范，在抗日战争中也发挥了重要作用。洞窝水电站不仅推动军工企业的生产，有力地支援了抗日战争，而且给西南地区的社会生活带来深刻的变化，实实在在地改善了人民的生活。

（一）近代实业救国的典范

税西恒是民国初期川人实业救国的杰出代表，洞窝水电站是川人实业救国的典范。洞窝水电站在建设之初由于受资金的限制，采取分期集资办电，逐步积累资金，逐步修建调节水库和添置机组的办法，这样滚雪球的方式是中华人民共和国成立前民族工业普遍采用的办法。

洞窝水电站的扩建也体现了近代民族企业家实业救国的艰辛。企业发展往往受制于国外技术封锁，不得不尝试各种突破。1938 年初先装水轮机，试车时水轮机立轴的两盘黄油轴承发热不均，上盘过热，不能继续运转。又安装时

已发现水轮在机内不能自由旋转,有毛口未剃除,说明出厂前未曾经过安装试车。在向孔士洋行提出质询后,孔士洋行派出一位熟悉安装的巴比技师来重新安装机座。在三个月期内,技师几度更换轴承试车,但温度仍然超出正常值,无法正常运行。在严重影响电厂运营的情况下,外国技师不仅不在试车报告上签字,还托词去重庆治病,夜晚坐江轮不辞而别,多次交涉,均未有解决之策。无奈之下,1938年冬,税西恒请来慎昌洋行安装专家陈长源,对水轮机作技术鉴定,经过对立轴周密检查后,确认水轮旋转部分并无弯曲磨损现象,润滑障碍改用循环油箱可行,乃改装后投入正式运行。本土专家通过不懈努力,解决了外国技师没有解决的难题[28]。

洞窝水电站在抗战时期的易主也反映了近代民族企业家实业救国在国家垄断发展面前的不堪一击。水电开发作为新兴的动力工业,国民政府在抗战时期达成一致共识——"动力工业,为工业建设之先决条件,建成电力网,以裕供应,同时裨益于农田水利",社会各界也对水力资源有了重新认识,"我国水力资源丰富,而分布各地水力发电事业,行将大有发展"。水电开发逐渐由企业家实业救国的个人行为上升为国家战略行为。国民政府1944年公布的第一期经济建设原则中指出:"应由政府独营之经济事业,种类不宜过多。此项事业包括:邮政电机、兵工厂、铸币石、主要铁路、大规模水力发电厂"[29]。水力发电放到政府经济建设的重点可见国家统筹谋划水电开发之雄心。国家重点建设水力发电是合乎发展潮流的,但是抗战前建设的中小水电站在这样的潮流下被国家低价收购,这无异于对民族工商业的伤害,民族企业家求告无门。

洞窝水电站的建成给社会经济带来了巨大的变化,工程技术人员对水电开发所带来的社会经济效益有了直观感受,增强了他们开发中国水力资源促进国家工业化的信念,为全面抗战胜利后全国性水电开发规划的兴起奠定了基础。洞窝水电站不仅推动了军工企业的生产,有力地支援了抗日战争,而且给西南地区的社会生活带来了深刻的变化,如《四川革命历史文件汇集(1937.11—1940)》中所记:"附近工商业勃然兴盛,回忆初时荒凉贫穷,感慨无限。胜利后,厂方欢送我人复员,船上望去,满山灯光照耀,衣景辉煌,有如香港,动力之增进繁荣,改善民生,可见一端。"

(二)抗战时期发挥重要作用

在抗战期间,洞窝水电站为开中国化学兵工之先河的第23兵工厂全力以赴生产抗日前线所需的产品提供了强有力的能源保障。第23兵工厂迁厂前有生产工厂九个,产品有三大类十四种:化学战剂类、防毒器材类、工业原料类及毒气弹、炸弹、泡肿气、光气、催泪弹、烟雾罐、防毒面具等。迁至泸县后设有两个分厂,市区兵工厂在抗日战争期间主要生产大量的防毒面具和烟雾罐等化学制剂,兵工厂分机械、罐头(装防毒剂)、缝纫、木工、焊工五部,工人三百多人,出产质量甚佳。在罗汉场的分厂制造硫酸、硝酸、盐酸、黑药、白药、解毒瓦斯剂、瓦斯、炸弹等,工厂工人有三百多人,工程很大,装置新式[30],这些化工制品为夺取抗战和反法西斯战争的胜利作出了不可磨灭的贡献。

1938年,第23兵工厂在厂长吴钦烈领导下,几个月时间复工氯气、盐酸、氧气、烟雾罐装填生产线,研制成功氯酸钾炸药并量产。1939年至1945年,为奋力抗击日本帝国主义惨绝人寰的化学战,工厂为抗日前线官兵制造防化器材。在国外物资和科技情报资料来源中断的情况下,第23兵工厂在化学战剂性能、设计防毒器材、试制各种特种兵器弹药等方面取得了重大的研究成果,并试制出大量的军用品支援抗战前线,为夺取抗日战争的全面胜利作出了巨大贡献。

抗战时期,日军在西南地区进行大范围轰炸。1939年9月11日上午位于泸州城西忠山的"洽庐"所址遭日机轰炸,化学实验室、图书室、陈列室、仪器室、侦毒纸工场及维修工场均起火燃烧,贮存器材半数烧毁,员工幸无伤亡。洞窝水电站在这次轰炸中幸免于难,此后洞窝水电站持续为兵工厂生产供电。

这一时期,水力开发亦得到国民政府的高度重视。国民党统治集团认为"中国之自力更生,尤以工业化为当务之急",而"动力工业,为工业建设之先决条件,战后应依照计划,尽先筹发,从早完成,并应尽量利用后方各地之水力,建成电力网,以欲供应,同时裨益于农田水利。"1941年5月,陈果夫在一次报告中专门讲了水力与建国的问题,他说要"以火力抗战,以水力建国"。由于有洞窝水电站的示范建设,加之战时大量水电专业人才的西迁,在当地政府的支持下,西南地区水电事业快速发展,兴建了多个水电站。其中规模较大、技术较先进的水电站如下:1941年8月开始发电的四川长寿桃花溪电站,共安装3台292千瓦机组,总容量为876千瓦;1944年1月开始发电的下硐水电站,装机容量为3000千瓦,是国民政府投资兴建的水电站中规模最大的水电站;1944年兴建的重庆高坑岩水电站,设计水头32米,装机容量160千瓦,全部发电设备、输电设备均由我国机电工程师吴震寰设计、民生机器厂制造,是第一座全部采用国产设备的水电站;1945年贵州梓桐天门河水电站,装机1000千瓦,采用当时美国制立轴混流式机组,称为"抗战期中最新型之水电厂",全部机电设备由我国技术人员自己安装。尽管多数水电站为径流引水式小型水电站,装机容量不过 100 千瓦左右,但是这些由我国技术人员设计和主持施工的水电站的建设为后来的水电事业锻炼了人才[26]。可见,洞窝水电站在近百年历史中作出过重要贡献,抗战时期专门为后方军工企业供电。

三、洞窝水电站的科学价值

洞窝水电站是近代中国早期留学科技人员归国投身国家建设,引进西方现代化科学技术的代表性工程。水利枢纽工程布局科学,施工工艺精良,是中国近代水利技术的杰出典范。拦河坝、输水渠、调压池、电站厂房及输水发电系统,体系设计完善,体现了当时水电工程设计最高水平。

洞窝水电站是中国传统水利工程科技与西方现代水利工程科技结合的产物。拦河坝工程具有鲜明时代特点,是西方现代坝工设计理论与中国传统水工建筑材料工艺的结合,坝型采用现代的支墩拱坝,建筑材料则是中国传统的条石及糯米灰浆胶接,结构科学、材料工艺因地制宜,在中国近代水利工程技术史上具有代表性。

(一)科学规划、节约损耗

洞窝水电站选址、工程体系规划布局十分科学,电站选址在龙溪河瀑布段,充分利用天然水头实现水能利用效益最大化。拦河坝、输水渠、调压池、电站厂房及输水发电系统,体系设计完善,体现了当时水电工程设计最高水平。洞窝水电站选址在龙溪河瀑布段,为节省开支,减少筑高堤坎蓄水淹没过多农田,税西恒利用龙溪河多处陡坡的地势,利用天然瀑布的巨大落差,分三处修筑蓄水堤坎,分段蓄水,这种采用多级水库协同调节的措施实现了水能利用效益最大化,在当时来说是一种创造,后来在万县瀼渡河、长寿龙溪河也都采用河流梯级开发,如图 4-1 所示。采取这种开发方式的优点是坝低,坝高仅 1~3 米,工程简便,可以利用当地材料建造;蓄水水位基本上限制在河床内,淹没损失小;便于分期投资,分期建设,分期开发,灵活机动。这反映了税西恒的国土规划意识和首创精神。

洞窝水电站善于利用地形和当地材料,采用当地石料建筑砌石拱坝,水电站的引水道和蜗壳也利用了山岩,在基岩内凿成,既节省钢材、水泥,又坚固耐用。洞窝水电站有两座厂房,均紧靠崖壁而建,是在整个岩石上"抠出来"的。电站上游筑有拦河大坝,再由引水渠引到电站的崖壁上方,落差 30 多米的引水洞也是在岩体中凿出来的。

水电站十分重视提高径流调节能力。随着调节能力的提高,负荷的增长,

图4-1　洞窝水电站蓄水堤坎(摄于 2018 年)

逐步扩大装机容量,洞窝水电站最初只有一个 20 万立方米的小水库,随后又陆续修建了四个水库,解放后又根据当地的地形地质条件改建了三个水库,提高了调蓄能力,循序渐进修筑方式十分值得学习。

另外,洞窝水电站的装机容量和发电量在当时中国也属于较高水平,发电效益十分突出。

(二)火力水力,两相助力

水电站除了提高本身的径流调节能力,提高保证蓄力外,很难避免年内和年际的不均衡性,水火电站的互相调剂补偿是必要的。水火电站的联网运行对水、火电站都是有利的,水电站可以充分利用丰水期季节性电能,火电可以节省煤炭和石油消耗,在枯水期和枯水年,火电可以弥补水电供电能力的不足,在处理水火并网互供电能的经济关系时,可以采取多种方式,可以像洞窝水电站和第 23 兵工厂 1939 年 3 月签订的协议那样,水火电站分属两个公司,订定互送电能的合理电价,达到互利;或是水、火电站合并为一个企业,如第 23 兵工厂收购洞窝水电站,变成一个企业,统一核算;也可以像云南石龙坝水电站与国营昆明电厂(火电)合并成官商合办耀龙电力股份有限公司。

1959 年,国营 255 厂根据生产发展的需要,陆续扩建了火力发电厂,先后安装了两台 1500 千瓦汽轮发电机组,淘汰了耗汽量大的 750 千瓦英国产汽轮发电机组。20 世纪 60 年代中期,又扩建了与电力系统联网的总降压站,先后安装了两台主变压器。工厂自备火电厂与水电站通过总降压站与电力系统并网运行。除丰水期外,洞窝水电站基本上作为工厂调峰电源使用,即平段少发,谷段停发蓄水,峰段满发满供。这一运行方式在一定程度上缓解了工厂在用电高峰时段受系统拉闸限电的威胁,保证了企业生产用电的要求。

四、洞窝水电站的艺术价值

洞窝水电站是用粮食打造的"糯米工程",包含着中国古代石拱建造艺术的第一堤、第二堤和第三堤,既坚固又美观,完全符合工程质量要求,历经九十载日晒雨淋后,除了表面的石块有少许风化外,连接处仍然固若金汤。其三级梯级开发与美丽的龙溪河融为一体,既实现了发电的经济效益,也实现了农田灌溉的社会价值。洞窝水电站设备和水工构筑物以外的区域和建筑物形成了独特的峡谷风景景观。现在的洞窝景区为国家 AAA 级景区,是群众休闲的好去处,年接待量超过 10 万人次,为下一步开展农旅融合、特色小镇提供了基础条件。

另外,洞窝窑洞式工房因地制宜,既保证了厂房的隐秘性,又为化学制剂安全生产提供了健全的系统通风,与周边环境融为一体,具有独特的艺术价值。景直亭以哥德式建筑为原型,形似碉堡,既有纪念意义又美观大方,具有一定的艺术价值,成为泸州北方公司的标志性建筑。

五、洞窝水电站的区域影响

四川是我国水能资源十分丰富而且开发较早的省份之一,境内河流很多,主要系长江水系,除长江上游干流金沙江外,还有雅砻江、岷江、沱江、嘉陵江、乌江等大支流及其众多的中小支流,这些河流水量丰沛,又有巨大的落差,水能资源十分丰富。

泸州济和水力发电厂是四川最早修建的水电厂,开启了西南水力资源开发的新时代,是承前启后的标志性工程。自从 1921 年四川泸州筹建济和水力发电厂开始,随着社会经济发展对电力需求的增加,四川水电建设在一些城市附近的中、小河流上开始发展起来。到 1949 年底四川解放,二十八年间,四川的水力发电建设从无到有,逐步发展,是四川水电发展的初期阶段。1926 年,成都励济工业协作社先后在成都南门外浆洗街瓦子堰和北门外建立了两处水电厂,装机容量各为 10 千瓦。此后双流县、安县等地都办起了小水电厂。这段时间里,先后修建了较大的水电站有泸州济和水力发电厂、青白江玉虹电厂、康定电厂、长寿龙溪河下硐电站和桃花溪电站、万县的瀼渡电厂等,共修建电厂(站) 34 处,装有大小不等的水轮发电机组 50 台,总装机容量 7391.2 千瓦。到 1949 年底,四川实际存在的水电站约 3 444.2 千瓦。

水电站的开发引发的社会效益逐渐得到国民政府的关注。国民政府自 20 年代始,举政府之力推动各地水电站兴建。抗日战争爆发后,国民政府经济部资源委员会迁到重庆,为了适应抗日战争需要,一方面组织力量对四川、西康两省的部分河流进行了普查,重点勘测了长寿龙溪河、桃花溪、大渡河、万县瀼渡河,以及岷江上游青衣江、马边河、乌江、渠江、嘉陵江、横江等十几条河流,选址 167 处,共有水能资源 361 万千瓦。这次普查,为以后四川的水电开发奠定了基础。另一方面直接推动水电站建设。1922—1949 年,四川先后修建了泸州济和水力发电厂、青衣江玉虹电厂、康定电厂、长寿龙溪的下硐水电站和桃花溪电站,万县瀼渡电厂等,共修建电厂(站)39 座,装机 61 台,总容量 8 445 千瓦。到 1949 年底,因为各种原因,停运和淘汰了一部分[31]。

我国水能的蕴藏量为 6.8 亿千瓦,可开发 3.7 亿千瓦,现在开发不到蕴藏量的 5%,水电开发在一定程度上等同于西部大开发。洞窝水电站是小型水电站西南地区开发的范本。

六、洞窝水电站的时代价值

习近平总书记强调,没有文明的继承与发展,没有文化的弘扬与繁荣,就没有中国梦的实现。文化遗产事业对于弘扬先进文化、凝聚民族精神、培育国民素质、促进社会进步,具有巨大的现实意义。洞窝水电站不仅是工业遗产、文化遗产、抗战军工遗址,更是一个时代人们追求理想的见证物。

(一)运行不衰,服务社会

洞窝水电站几十年来为第 23 兵工厂和附近居民提供用水,既保障了兵工厂生产需要,又方便了群众生活,具有显著的社会价值。现今,洞窝水电站年均发电约 600 万度,近百年来累计发电 3 亿多度,是泸州北方化学工业公司重要的电能生产基地,在特殊情况下,如无外援供电时,洞窝水电站还能作为独立发电系统为该公司供电。洞窝水电站有两座厂房,小的厂房里是 20 世纪两台 500 千万的老机组,大的厂房里安装的是 80 年代增建的 1 250 千瓦机组,平常发电不会特殊"照顾"老机组,均根据蓄水量多少进行调配,如图 4 - 2 所示。洞窝水电站现有 13 名工人,他们按三班倒的方式工作。中华人民共和国成立后,洞窝水电站除满足国防建设需求的使命外,还肩负起传承城市历史、工业遗产保护、普及爱国教育的文化服务使命。目前,洞窝水电站已成为全国中小学生研学实践教育基地、四川省重点文物保护单位、九三学社全国传统教育基地、四川省首批十大工业遗产之一、国家工业遗产。洞窝水电站现属泸州北方化学工业有限公司所有(前身是第 23 兵工厂)。泸州北方化学工业有限公司是中国兵器工业集团公司,属国家重点保军大型化工企业,目前该公司已成为国内最大的纤维素醚产品和微车金属燃油箱生产研发基地,培育的硝化棉产品产销量居世界第一,并已成功上市。同时,还开发了人工降雨弹、森林灭火弹及射钉弹用发射药等军民结合产品。其中射钉弹用发射药在国内市场占有率达 80% 以上,人工降雨弹用推进剂在国内市场占有率达 90%。

(a) (b)

图 4-2 洞窝水电站内部情况(摄于 2018 年)

(a)洞窝水电站发电机组;(b)机组维修工具

(二)遗产景观,价值丰富

洞窝水电站工程环境如拦河坝、洞窝断崖瀑布等,共同构成自然与工程一体、历史文化科技内涵丰富的遗产景观,美学艺术价值突出。

其生态环境条件也较好,尤其是龙溪河在此有高 44 米的天然断崖陡坎,形成瀑布景观,是不可多得的风景资源,如图 4-3 所示。

1988 年,此地已开发为洞窝峡谷旅游风景区。近年来,按国家 AAAA 级旅游景区标准进行建设升级,首期工程已于 2010 年 5 月完工,计划建成为集休闲旅游、观光旅游、商务旅游为一体的多功能旅游景区。其三级梯级开发与美丽的龙溪河融为一体,既实现了发电的经济效益,也实现了农田灌溉的社会价值,为下一步开展农旅融合、特色小镇提供了基础条件。结合泸州实际,2017 年,泸州市启动了龙溪河整体开发,上报形成"龙马潭区龙马十八湾生态旅游 PPP 项目",已经进入省财政厅项目库。泸州市还计划投资 8 000 万元建设"洞窝水电博物馆"。而与其早已融为一体的第 23 兵工厂的新老厂房及相关遗址

(a)   (b)

图4-3   洞窝峡谷旅游风景区环境图(摄于 2020 年)

(a)洞窝瀑布夏日近照;(b)洞窝峡谷风景区俯瞰

遗迹、相关设施也蕴含着独特的历史韵味。如为第 23 兵工厂提供七十余载的生产生活用水的自来水厂;为抗日将士提供充足的武器弹药,具有良好通风性能的窑洞式工房;为保卫工厂免遭日本帝国主义空袭而修的高射炮台遗址及高射炮连营房等。这里有 25 栋在抗战时期被日机轰炸后重建起的应用化学研究所旧址,在那里试制出的大量军用品被用于支援抗战前线,为夺取抗日战争的全面胜利作出了巨大贡献。这里还有纪念建厂十五周年修建为赞誉吴钦烈(字景直)创建我国第一座化学兵工厂所作出的历史功绩的景直亭。在建厂 80 周年之际,为缅怀开中国兵器化学工业先河的创始人吴钦烈对工厂的创立和发展作出的贡献,撰文"景直亭记"并立碑纪念。碑文中的"往事堪回首,来日待追忆。圆我复兴梦,后辈当努力。"给予了世人极大的鼓舞和厚望。

(三) 人文历史,精神犹存

税西恒是主持洞窝水电站的设计建设者,被称为"中国小水电之父"。他也是九三学社创始人之一,在中国近现代史上有重要地位,功绩卓著。1945 年 9 月 3 日,日本投降签字,税西恒他们顿时欣喜若狂,为了纪念这个重大的日子,特地将"民主科学社"改名为"九三"学社。洞窝水电站是一个时代人们追求理想的见证物、传播者。作为洞窝水电站的创建者,以税西恒为代表的历史名人及其政治文化也是洞窝水电站遗产文化的重要组成部分。

在近代中国落后挨打的情况下,许多有志青年抱着实业救国、科学救国的理想,费尽千辛万苦,学成归来,实现自己的抱负宏愿,他们是百年中国梦践行者。水电站建设寄托了他们科技救国、实业兴邦的梦想与追求,表达了他们对中国水电行业发展寄予的厚望。旧中国的大多数技术人员都具有爱国心和进取精神,税西恒就是水利水电界热爱祖国的代表人物之一,他将毕生精力为桑梓服务的精神值得我们去传颂。

洞窝水电厂[32]

廖文俊

(一)

泸州旧日苦油灯,冷焰凝烟半暗明。一自涡轮输电出,口碑称颂税先生。

(二)

鬼斧神工石壁渊,飞珠溅玉下寒潭。雷鸣一泄千钧力,五色弧光耀九天。

(四)水利文化,历久弥新

洞窝水电站是中国水利工程的活文物,具有重要的历史文化和科学技术价值。

这座在全川率先赶走城市黑暗、为人们带来光明的水电站尽管已存在近百年,至今仍在运转。它是四川最老的水电站、四川省唯一水力发电活态工业遗产和我国近现代工业遗产的典型代表。

水科院水利史研究所所长、水利史著名专家谭徐明等认为,洞窝水电站为我国早期梯级水电站开发提供了成熟的典范,为中华人民共和国水利建设培养了技术人才,为灌溉沿河的农田庄稼和群众生产生活提供了便利,具有显著的社会价值,是一处不可多得的活文物,是国家急需保护利用的工业遗产。

在2009年3月第三次全国文物普查中,洞窝水电站被列为新发现的近现代工业遗产之一,目前是四川省重点文物保护单位,正在申报全国重点文物保护单位。当地政府和洞窝水电站管理单位都非常重视遗产保护工作,正在组织编制遗产保护规划、筹备建设遗产博物馆。它不仅以一种实物的形式反映了中国近代电力工业史的变迁,也是有志青年实业救国的最好见证。

洞窝水电站开启了四川泸州"电气化"的新纪元,水电站送电那天,川南重镇泸州万人空巷,奔走相告。由于当时装机容量小,电量有限,电站仅是夜晚发电,白天休息,只对泸州当时的大型商场、娱乐场所供电。从来没有看过"电"的泸州百姓,常常把商场挤满,争相观看"电"究竟是什么样的。水电站采用市场化运作为民用照明供电,是时代发展的标志。如今,这座默默为泸州电力奉献了近百年的水电站,是泸州老工业遗址文明的象征,更是一代人百年中国梦的刻骨铭心的历史记忆。洞窝水电站是中国近代早期生活电气化的代表性工业遗产,在区域社会发展史上具有里程碑意义。

参考文献

[1] 高祥冠,常江.近十年我国工业遗产的研究进展和展望[J].世界地理研究,2017,26(5):96-104.

[2] 于党政.工业遗产旅游文献综述[J].环球人文地理,2014(16):108-109.

[3] 邱婷,冯玉平.工业遗产保护与再利用的研究综述[J].当代经济,2017(6):146-147.

[4] 赵一青,许健.工业遗产的保护和利用国内研究现状综述[J].山西建筑,2015(3):1-3.

[5] 李林,魏卫.国内外工业遗产旅游研究述评[J].华南理工大学学报(社会科学版),2005(4):44-47.

[6] 苏志华.国内工业遗产近十五年研究进展——基于定量与知识图谱的分析[J].现代城市研究,2020(6):87-94.

[7] 赵东平.国内工业遗产旅游研究综述[J].经济研究导刊,2018(16):169-171.

[8] 刘伯英.世界文化遗产名录中的工业遗产[J].工业建筑,2013(2):173-180.

[9] 李小波,祁黄雄.古盐业遗址与三峡旅游——兼论工业遗产旅游的特点与开发[J].四川师范大学学报(社会科学版),2003(6):104-108.

[10] 陈麦池,朱婷婷,屈桂春.马鞍山市工业遗产保护及工业旅游开发研究[J].安徽建筑,2020,27(9):16-17.

[11] 谭艳洁.资源枯竭型城市工业遗产旅游开发模式与管理创新分析[J].中国商论,2018(35):72-73.

[12] 徐建豪,杨昳.本溪工业遗产旅游创新发展研究[J].卷宗,2020,10(4):223.

[13] 夏芳,张燕.四川省工业旅游资源调查和评价[J].四川旅游学院学报,2019(1):66-69.

[14] 曾锐,李早,于立.以实践为导向的国外工业遗产保护研究综述[J].工业建筑,2017,47(8):7-14.

[15] 马令勇,姜静.工业遗产保护与再利用研究文献综述[J].山西建筑,2017,43(13):241-243.

[16] 俞孔坚.中国工业遗产初探[J].建筑学报,2006(8):12-15.

[17] 张松,陈鹏.上海工业建筑遗产保护与创意园区发展:基于虹口区的调查、分析及其思考[J].建筑学报,2010(12):12-16.

[18] 刘伯英,李匡.北京工业建筑遗产保护与再利用体系研究[J].建筑学报,2010(12):1-6.

[19] 许东风.重庆工业遗产保护利用与城市振兴[D].重庆:重庆大学,2012.

[20] 孔芳芳,诸锡斌.石龙坝水电站工业遗产保护初探[J].改革与开放,2014(9):75-76.

[21] 徐慕菊.四川省水利志(第五卷)科教篇[R].成都：四川省水利电力厅,1989.

[22] 杨秀丽.透过档案看洞窝水电站的前世今生[J].四川档案,2018(3)：56-57.

[23] 霍小光.习近平考察三线工程：大国重器必须掌握在我们自己手里[EB/OL].(2018-4-25)http://www.xinhuanet.com/politics/leaders/2018-04/25/c_1122736705.htm.

[24] 中国大坝工程学会.中国水电开发与最新国际比较[EB/OL].(2018-2-26)https://m.sohu.com/a/224255953_164659/.

[25] 张开森.萨凡奇三峡计划始末[J].中国档案,2013(4)：80.

[26] 郑晓光.水电科技精英与新中国水电开发研究(1949—1976)[D].福建：福建师范大学,2017：30-33.

[27] 徐慕菊.四川省水利志(第三卷)建设篇[R].成都：四川省水利电力厅,1989：342-343.

[28] 文启蔚.税西恒创建泸州洞窝水力发电站始末[J].四川水利志通讯,1983(2)：37-38.

[29] 中国第二历史档案馆.中华民国史档案资料汇编(第5辑第2编)[M].南京：江苏古籍出版社,1997：34-35.

[30] 张光斗.张光斗讲中国水力发电事业[J].交大周刊,1949(59)：3.

[31] 四川省水力发电工程学会编.中国水电建设史略[M].成都：四川科学技术出版社,2011.

[32] 中国人民政治协商会议泸州市市中区委员会文史资料工作委员会.江阳文史资料(第八辑)[R].泸州：中国人民政治协商会议泸州市市中区委员会文史资料工作委员会,1994：80.

第五章

洞窝水电站工业遗产的保护现状

工业遗产的开发利用是在近两年城市更新的大背景下重新提出来的，对建设社会文化、环境可持续发展和城市再生具有十分重要的意义。地处川南地区的洞窝水电站一直处于"养在深闺人未识"的状态，直到近两年才开始受到关注。2018 年年底，"洞窝水电站抗战军工遗产群"被四川省经信委列入全省第一批省级工业遗产项目名单（共 10 个）。2019 年 4 月 16 日，被列为"中国工业遗产保护名录（第二批）"。2019 年 12 月 19 日，洞窝水电站得到国家工信部的认可，入选并成为第三批国家工业遗产的 49 个遗产之一。洞窝水电站申报工业遗产并不仅仅是水电站工程，还包括附属于洞窝水电站的相关工程及非工程遗产，以及由洞窝水电站衍生或相关的文化遗产等。具体包括洞窝水电站服务的兵工厂遗址，水电站相关档案、文献、碑刻等，水电站相关主要历史人物的遗存、遗物等，以及与洞窝水电站相关的抗战历史文化、历史名人、故事、文学艺术作品等。加强对洞窝水电站开发现状调查是工业遗产开发的第一步。

一、工业遗产保护利用现状

18 世纪开始的工业革命对人类的发展具有非凡的意义和深远的影响。作为工业革命的直接产物和承载介质，工业遗产蕴含着丰富的历史、社会、经济和文化价值，工业遗产的保护与再利用在历史文脉、社会经济和城市环境等多个层面具有重要意义。21 世纪初，随着人们对工业遗产价值认识的不断深入，工业遗产保护得到了越来越多国家政府的高度重视，中国也兴起了工业遗产保护的潮流，将工业遗产保护与城市再生有机结合，取得了一定的成果。

（一）国外工业遗产保护利用现状

工业遗产保护是对人类工业技术文明史的再认识，是文化遗产保护的重要内容。但国外工业遗产保护及利用出现的历史并不长，直至 2003 年《下塔吉尔宪章》对工业遗产概念作出了界定后,人们对工业遗产价值才不断深化,出现了诸如鲁尔工业区等成功案例。

1. 工业遗产范围界定

工业遗产概念的提出,是随着人们对工业遗产价值的不断深入认识而逐渐完善和深化的。2003年,国际工业遗产保护协会(TICCIH)通过的保护工业遗产的《下塔吉尔宪章》中,将工业遗产定义为:"工业遗产由工业文化遗存组成,这些遗存拥有历史的、技术的、社会的、建筑的或者是科学上的价值。这些遗存由建筑物、构筑物和机器设备、车间、工厂、矿山、仓库和储藏室、能源生产、传送、使用和运输以及所有的地下构筑物及所有的场所组成,与工业相联系的社会活动场所,如住宅、宗教朝拜地和教育机构,也包含在工业遗产范畴内。"[1] 2003年,联合国教科文组织(UNESCO)对工业遗产的定义为:"工业遗产不仅包括磨坊和工厂,而且包含由新技术带来的社会效益与工程意义上的成就,如工业市镇、运河、铁路、桥梁以及运输和动力工程的其他物质载体。"[2]我国文物局局长单霁翔也认为工业遗产从时间范围上划分,有狭义和广义两个研究范畴,狭义的工业遗产是指18世纪从英国开始,以采用新材料、新能源、采用机器生产为特征的工业革命之后的工业遗存。自人类文明诞生以来,工业技术便不断创新。工业遗产保护是对人类工业技术文明史的再认识,是文化遗产保护的重要内容。工业遗产分类如表5-1所示。

表5-1　工业遗产分类表

工业遗产		内　　容
物质工业遗产	不可移动工业遗产	生产加工区、仓储区和矿山等;运河、铁路、桥梁以及其他交通运输设施和能源生产、传输、使用场所等与工业发展相联系的交通业、商贸业相关遗存
	可移动工业遗产	工人住宅、宗教场所、教育培训设施、工商业城镇等与工业活动有关的社会场所。工业生产使用的器具、工具、设备、生活办公用品、企业档案、影像照片等
非物质工业遗产		设计企业历史档案记录的契约合同、商号商标、产品样品、手稿手札、招牌字号、票证簿册、照片拓片、图书资料、音像制品等;与历史相关的厂史厂志、人物事迹;与生产相关的工艺流程、科研成果;与管理相关的规章制度、企业精神等

资料来源:黄晓《合肥市工业遗产保护与利用规划对策研究》,2014年硕士论文,第5页。

2. 工业遗产保护现状

工业遗产保护在世界范围内的历史并不长。早在19世纪中期,工业遗产保护在英国开始引起重视，并出现了有关工业遗产的展览。但有关工业遗产的研究直到 20 世纪 50 年代才正式出现，60 年代后取得较快发展。1986 年，英国的铁桥峡谷作为工业遗产首次被联合国教科文组织列入世界遗产名录。铁桥峡谷揭开了保护运动的序幕。21 世纪以来，工业遗产保护上到一个新台阶。时至今日，英国的许多老厂房都被保存了下来，其中有一些作为公共开放空间，有作为博物馆向大众展示的，有的已被更新改建，成为商场、酒店等场所。2000 年位于英国南威尔士的矿业小镇布莱纳纹因其在工业革命中所占有的重要地位，被列入世界遗产名录；2001 年关税同盟煤矿和炼焦厂被确认为人类文化遗产。这些工业遗迹被列入世界遗产名录，标志着 20 世纪以来的近代工业遗产开始作为人类近代重要的文化遗产和文化景观受到人们的重视和保护。

半个世纪以来，德国鲁尔工业区改造、英国伦敦码头仓储区再利用、美国纽约 SOHO 区改造、维也纳煤气塔改造都是成功的案例。例如，改造最具代表性的德国鲁尔工业区原本是以煤炭和钢铁为基础、以重化工业见长的重工业区，二战后煤矿和钢铁厂纷纷倒闭，鲁尔工业区逐渐荒废。1989 年，鲁尔工业区的复兴计划正式实施，旨在通过景观再设计手段让它重现生机。如今的鲁尔工业区已经摇身一变，成为一个全新的科学公园，不仅保留了炼钢厂、煤渣山等生产旧址，还留出了空旷的大片绿地和湖泊，大大增加了旅游观赏性。工业区内第一家铁器铸造厂的废弃地还建立了一个大型的购物中心，配套建有咖啡馆、酒吧、美食街、各类游乐设施和娱乐中心等。鲁尔工业区奥伯豪森城内随处可见瓦斯槽，这里拥有全欧洲最大的瓦斯罐，直径 67 米，高 118 米，建于 1929 年，在使用 60 年后，于 1988 年停止运转。这些超大容量的瓦斯槽完成内部改造后，形成了独特的展览空间，使其成为全欧洲最大的，也最另类的展览馆。透过采光天窗，整个展馆营造出一个巨大的全封闭式空间。这种戏剧性的展览空间体验，犹如科幻电影中的外层空间世界，每每让参访者惊艳不已。罐内设有一个直通罐顶的电梯，可以俯视罐内全景，这是一种人间少有的空间体验。根据每个年度不同的主题需求，大瓦斯槽会在每年夏季举办特定的主题展览，吸引了众多的游人，也成为奥伯豪森城的文化地标。工业区的第 12 号矿区，在改造过程中则被规划为一个博物馆。博物馆保留了最主要的设备和厂房，馆内所有的采矿机械设备都可以正常运转，为游客还原了真实的生产过程[3]。鲁尔工业区工业遗址保护如图 5－1 所示。

图5-1　鲁尔工业区工业遗址保护

图片来源：https://m.sohu.com/a/234738571_682356/

　　水电站工业遗址保存较好的有挪威大硕一级水电站。挪威大硕一级水电站是挪威仅有的受保护的电站，目前正在申请联合国教科文组织世界遗产名录。该水电站建于1908年，装机容量为100兆瓦，诠释了一个世纪来水电对北欧的现代化建设、技术进步以及环保意识的提高等方面的贡献[4]。该电站于1989年停止运行，厂房保留了原来的风貌，已作为博物馆对公众开放。大硕一级水电站具有很高的美学价值，被誉为20世纪挪威最好的建筑之一。电站建筑的品质、位于峡湾的优越地理位置、瀑布景观以及周边的工业区使大硕一级水电站成为一处独特的文化遗产。该电站还处在两个国家公园之间，又在事实上距离保护河道很近，为其他电站在这种情况下的建设提供了经验。2000年，挪威王室通过决议，保护大硕一级水电站，并由文化遗产理事会负责保护。在恢复了内外原有风貌后，该电站于2005年5月14日作为官方博物馆对公众开放。挪威还有部分水电站改造为独特的水电站式酒店，例如建于20世纪60年代的萨尔达尔水电站，如图5-2所示。

图5-2　水电站式酒店

图片来源：http://style.sina.com.cn/des/design/2011-01-02/094971919.shtml

（二）国内工业遗产保护现状

较之几千年的中国农业文明和丰厚的古代遗产来说，中国工业遗产只有近百年或几十年的历史，工业遗产保护起步也较晚，但 21 世纪以来，国内工业遗产保护在大城市取得了突飞猛进的发展。

1. 工业遗产保护意识的觉醒

费正清曾指出："中国在 19 世纪的经历成了一出完全的悲剧，成了一次确是巨大的、史无前例的崩溃和衰落过程。"[5]追溯中国工业发展史可见，从 19 世纪 60 年代开始，清政府主导的"中学为体、西学为用"的洋务运动才是中国工业文明的起步节点。其中汉阳铁厂成为我国现代工业化史发轫的重要标志，以此开始到 20 世纪中叶，中国经历了两次工业革命，在艰难的抗战岁月，民族工业进行了史无前例的工厂大迁徙，基本保住了褪褓中的民族工业血本。中华人民共和国成立初期，在苏联的援助下，我国工业化水平上了一个新的台阶。中国工业史时间虽然短暂，但在努力工业化探索的过程中，中国的许多城市同样产生了无数具有重要历史价值的工业遗存。

但是，直至今日，部分中国人仍习惯于把古代的物件当作文物和遗产，对它们悉心保护，而对于近代工业遗存，则当作废旧物、障碍物，急于将它们淘汰毁弃，进行所谓的更新。1986 年，《世界遗产名录》里开始出现工业遗产，到 2013年，世界文化遗产名录中共有 50 项工业遗产，但中国上榜的只有都江堰水利工程。实际上，近代工业遗存同样是社会发展不可或缺的物证，其所承载的关于中国社会发展的信息、社会影响都比其他历史时期的文化遗产要大得多。自20 世纪 90 年代以来，中国各界开始逐渐意识到工业遗产的历史价值，中国工业遗产保护逐步兴起。单霁翔曾指出："工业遗产是在工业化的发展过程中留存的物质文化遗产和非物质文化遗产的总和。"[6]王正林也指出工业文化既不仅指工业社会的精神生产，也不只是工业社会的物质生产，而是包括了物质与精神财富的方方面面，以及社会发展与进步的水平。学者王学秀也提出工业文化是人类在工业社会进程中，通过工业化生产与消费过程逐步形成的共有的价值观、信念、行为准则及具有工业文明特色的群体性行为方式，以及这些信念和准则在物质上的表现。关于工业遗产的各种研究和实践都有大幅增加，涉及面也逐渐拓宽，总的来说主要集中在建筑、景观和城市规划领域。工业遗产研究内容主要集中在两个方向：一是工业遗产保护的理论研究，二是工业遗产的再利用实践研究。工业遗产保护的理论研究多从工业遗产的综述性研究、价值构成与评价、工业遗产的保护方式等几个方面展开论述；工业遗产的再利用实践研究包括从城市或地区发展的角度研究工业遗产保护、工业建筑遗产的保护与利用研究、工业废弃地景观设计研究、工业遗产与旅游开发等几个方面。

2000年以后，在学者的呼吁下，对于工业遗产保护与再利用的呼声高涨，中国工业遗产保护和再利用提上了日程。工业遗产保护和再利用的真正转折点是政府的介入，开始从法律规章、宏观政策等多角度开始明确对工业遗产景观的保护。2001年公布的第五批全国重点文物保护名单中，大庆油田第一口油井和位于青海的中国第一个核武器研制基地成为首批进入国家保护名单的工业遗产。第六批全国重点文物保护单位中，有石龙坝水电站等9处近现代工业遗产入选。2006年4月18日，我国主要工业遗产城市代表、国家文物局和有关专家学者，在无锡的中国工业遗产保护论坛通过了《无锡建议——注重经济高速发展时期的工业遗产保护》(《无锡建议》)。《无锡建议》首次对工业遗产作出定义，即"具有历史学、社会学、建筑学和科技、审美价值的工业文明遗存。包括工厂、车间、磨坊、仓库、店铺等工业建筑物，矿山、相关加工冶炼场地、能源生产和传输及使用场所、交通设施、工业生产相关的社会活动场所、相关工业设备，以及工艺流程、数据记录、企业档案等物质和非物质文化遗存。"[7]无锡会议的召开可谓我国工业遗产保护的里程碑。会议确定加大工业遗产的保护力度，并把工业遗产普查作为今后文物普查的重点。在这次会议上，与会者对工业遗产的保护意义达成了一致共识：工业遗产具有重要的历史研究价值、社会记忆价值，文化价值，保护工业遗产具有重要的历史意义。

一方面，工业遗产是一个城市的名片。工业遗产既是人类工业文明的载体，也是城市文脉的重要组成部分，工业遗产的保护有助于地域文化和城市文脉的可识别性构建，工业遗产记录了城市特定时期的历史文化活动，体现着一个城市与人类发展的深层的精神纽带。对工业遗产的保护实质上是对一段历史文化的保护，能够增强人们的认同感和民族凝聚力。对于具有悠久的工业文明历史的城市，通过工业遗产的保护，可以形成具有特色的城市文化，也延续了城市文脉。

另一方面，工业遗产也有助于企业精神的延续与发扬。例如洞窝水电站隶属于中国兵器集团泸州北方化学工业有限公司，通过开发利用工业遗产，有助于宣传企业文化。而且，工业遗产也是产业文化发展史的重要物质存在，一些重大产业在中国的发展经历，本身就极具历史意义，工业遗产见证了那些宝贵历史。

2016年12月，工信部、财政部发布《两部委关于推进工业文化发展的指导意见》(《指导意见》)指出,我国在推进工业化的探索实践中,孕育了大庆、"两弹一星"、载人航天等工业文化典型,涌现了一大批彰显工业文化力量的优秀企业,也留下了一大批承载工业文化的物质财富,为工业发展提供了巨大的精神动力。"工业文化在工业化进程中衍生、积淀和升华,时刻影响着人们的思维模式、社会行为及价值取向,是工业进步最直接、最根本的思想源泉,是制造强国建设的强大精神动力,是打造国家软实力的重要内容。"[8]

2. 工业遗产开发利用方式

目前,中国一些城市如北京、上海、广州、南京、杭州、河北唐山、沈阳、武汉、成都等近些年在城市化进程中就工业遗产保护进行了不少实际探索,有的建成了工业博物馆、工业创意文化产业园、艺术中心、工业文化主题公园等,成为城市新的活力增长点,带动了地区的复兴和发展,成为新的时尚地标,城市更新取得了一定成效。这些实践都为加深对工业遗产的认识,进一步推动工业遗产保护发挥了积极作用。经过近二十年的探索,工业遗产开发利用方式有以下几种类型。

1) 建设工业主题公园

这一开发类型主要是利用废弃的工业用地,借助于合理的布局,通过适当的生态修复,建设城市公共休憩空间或工业主题公园。充分利用旧有厂矿企业原本设施,尽量在保留原貌的基础上添加现代元素,提升服务功能。这一类型开发是中国各个城市目前采用的最广泛的开发模式。例如,首钢工业遗址公园、中山岐江公园等。2019 年,中国首座"全自动"水电站——模式口水电站变身工业遗址公园。模式口水电站位于石景山区永定河引水渠上,是 20 世纪五六十年代建起的一座水电站,与人民大会堂同时期建造,外观带有深深的时代烙印。现今,由石泰公司聘请专门的设计师团队围绕模式口水电站及京西发电厂的相关历史进行设计,并将打造水电站水轮机实物展览层、发电机展示层等遗迹景观。在水电站遗址公园坐落的永定河引水渠旁修缮了人行步道,安装上突出冬奥主题的彩虹栏杆,遗址公园内设计了绿地、廊架小品、雕塑,并对废弃的变电站进行修缮,恢复 1957 年水电站建成时的效果。现今遗址公园已成为民众休闲游玩的好去处。

2) 改造为高新技术及创新产业区

这是我国工业遗产再利用的主要集中模式。在废弃的厂矿区遗址和建筑中注入旅游业、商业、休闲服务业、艺术、会展等概念,突出时尚、怀旧的元素,改造成迎合都市人群品位和游憩的商业空间,充分利用厂址,改造为文化创意园区,并在厂房的改造和利用中,充分尊重周边环境,保留废弃机器设备,使文化氛围与艺术创作相得益彰。繁荣的原因除了近代老工业建筑早期租金较便宜,且地处市中心之外,更重要的是这些老厂房、旧仓库背后所积淀的工业文明和场地记忆,能够激发创作的灵感。随着北京798艺术区的成功,创意产业园似乎就成了工业遗产再改造的一条捷径和首选。

3）单体工业遗产的利用

旧工业建筑往往具有独特的风格和历史的沧桑感,这种独特的美感使这些建筑成为具有保护价值的建筑单体,工业建筑自身的特点还限定了其工业厂房具有与其他建筑不同的形态,大尺度,大空间,大跨度,可谓是特点鲜明。不同年代的建筑具有不同的时代特征,保护具有不同时代价值的建筑,不仅可以留住工业历史变迁的记忆,同时对于工业建筑发展的研究也具有一定意义。可对保护区及单体建筑物在保护的前提下,结合原地区城市建设需要,开展景观设计,使工业建筑遗产通过再利用激发新的活力。

4）建设博物馆或展览馆

对工业遗产的保护与再利用,博物馆是最便捷的方式。通过展览的形式让参观者直观地了解工业技术及工业流程的发展过程,体会工业文明的价值,感受工业文化的深厚底蕴,引发对于工业文明历史的记忆与自豪。对于历史文化价值较高的工业遗产,可根据地区的发展历史和资源禀赋对工业遗产进行综合开发,结合自身特点改造为博物馆。

之前的工业博物馆往往在保留其工业原真性的基础之上改造为各种展馆,虽然展示了工业历史成就,并试图致力于以文化带动工业转型发展,但效果并不乐观。它们大多建成速度快,但具体细节欠缺,往往是直接的摆放陈列或是小物件的简单改造,再利用的形式单一、方式简单。因未对工业遗产的内涵进行深度挖掘和融合,它们很难让参观者产生共鸣。建筑与外部环境、周边人文交流互动较少,只是一个单纯展示的工业博物馆,没有成为周边居民放松娱乐的场所,更没有达到类似德国鲁尔那样整合、带动周边环境与经济,促进工业再生的效果。如今,这类博物馆展示形式开始新旧交融。传统的展柜和展板形式为主的展陈方式乏味而无趣。随着现代社会的发展,特别是数字多媒体的盛行,现在博物馆早已打破原有的传统形式,不再是简单的台、板、架、灯光的组合,展示形式日益多样化,更多强调参与者的参与性、体验性与趣味性。例如上海世博会园区,由江南造船厂西区加工工厂改造而成,主要功能为收藏、研究、展示历届世界博览会的文物、文献、盛典纪实和成就成果;世界博览会园区内保留的码头、船坞、轨道、起重机械、烟囱等部分构筑物,一些钢炉、冷却槽、巨型螺栓等构件,已作为开放性展览平台和大型户外公共活动场所或公共开发空间的景观雕塑。

纵览目前国内对工业遗产再利用模式的研究和实践,存在盲目跟风、只重视经济利益等问题。总体而言,目前国内对工业遗产再利用存在以下几个问题:

第一,开发规模上,缺乏区域性、一体化的开发。工业遗产的改造再利用主要集中在单体建筑或单片区域内,未形成成熟的系统性、区域性的一体化开发。主要原因是缺乏统一的规划,工业遗产资源的利用依然呈现点状分布的特点,尚未形成线形或者网状的分布格局。在统一规划、综合开发的基础上进行各分点的创意再利用是发展的趋势。

第二,模式较为单一,这种再利用模式,对于经济实力相对较弱,人口文化素质较低的中小城市来说,单纯的模仿只会让园区陷入经营困难、门可罗雀的困境。为了解决这种困境,政府和开发商就容易将工业遗产的再利用置于过度商品化经营的境地。

第三,价值的背离。对经济利益的过度重视容易忽视公众利益和社会利益,造成一定的社会矛盾,也会对工业遗产的文化价值、历史价值、教育价值等重视不够。在现代化范式的影响下,技术与方式这两个工业文化的维度很难得到较好的把握,进而致使文化在工业遗产保护中逐渐处于失语状态。文化是工业遗产保护的关键词,充分挖掘其文化属性,才能更好地做好工业遗产保护。

工业遗产如何合理、科学地开发利用,目前仍然缺少针对性政策,容易造成开发模式千篇一律,彼此效仿。另外,工业遗产保护利用不能一蹴而就、拔苗助长,不同城市、不同地区的工业遗存开发利用应当结合自身城市发展实际情况,实事求是、适度开发。自上而下的政策支持,与自下而上的创新利用,应当彼此支撑,相互依赖,共同创造出存量时代城市空间新风貌。工业遗产作为特殊的旅游资源有其特殊要求,首先要认识遗产保护是第一性的,有了遗产才有遗产地的旅游。而遗产地保护的重要意义在于它不同于其他的旅游对象与产品,在明确保护遗产的含义和要求以后,在不妨碍遗产保护的前提下,可以大力发展旅游,实现保护与开发的双赢。

(三)同类型水电站——石龙坝水电站开发经验

从保存、利用现状来看,早期水电站中,龟山水电站仅存遗址,洞窝水电站、石龙坝水电站、丰满水电站保存基本完好且仍在发电。石龙坝水电站是最先被批准为工业遗产的早期水电站,关注石龙坝水电站的开发对洞窝水电站开发有重要借鉴意义。

首先,需要澄清的是,工业旅游并不是近期才出现的,早在民国时期工业旅游就曾成为旅游热门。石龙坝水电站自 1912 年建成后不仅是一座单纯发电的水电站,也成为集科普教育、工业旅游于一体的水电博物馆。各地游客纷纷前来感受近代工业文明。1927 年 4 月,云南作曲家聂耳作为云南省第一联合中学的中学生就曾参观过石龙坝水电站。从《聂耳日记》的史料[9]看到,石龙坝水电站对时人带来的冲击,也充分折射出石龙坝水电站很早就承载了工业旅游功能,为中国近代不可多得的工业旅游基地。

中华人民共和国成立以来,朱德、李鹏等多位国家领导人先后到此考察,就石龙坝水电站的历史地位作了高度评价,均亲笔题词。如朱德同志视察石龙坝水电站时曾说:"要好好保护电站,它可是中国水电发展的老祖宗哟。"[10]

自建成之日起,石龙坝水电站一直稳定运行。但最早被列为工业遗产的石龙坝水电站工业遗产保护也走过弯路。20 世纪 70 年代以来,由于片面追求工业建设,滇池流域生态不断恶化,滇池持续被污染。2003 年 10 月,由于螳螂川上游化工企业排放的废水污染,严重腐蚀了转轮、引水渠、拦河坝、进水坝等珍贵文物,沟缝大面积渗漏,发电设备腐蚀,被迫停产。同时,化工污染导致河道内寸草不生、鱼虾绝迹,农作物大片枯萎,鱼塘绝产,大批耕牛也因蹄子遭水腐蚀而伤亡,生态日益恶化。此外,电站文物流失严重,7 台老机组都被拆往它处,目前只追回了原先一车间的 1 台。当年的木制引水管也被拆走,下落不明。后来,在新闻媒体大力呼吁下,有关部门采取了一系列干预政策,石龙坝水电站奇迹般地"起死回生",并于 2006 年 5 月正式列入第六批全国重点文物保护单位名单。在石龙坝水电站入选第六批全国重点文物保护单位后,国家有关部门高度重视石龙坝水电站的管理、保护工作。相关部门曾多次专项拨款,用于文物保护、修缮、环境整治、绿化美化等工作,同时也为社会招商引资和外环境的有效开发利用提供平台。到现在,石龙坝水电站焕然一新,增加了服务设施以及休闲娱乐项目。例如,石龙坝水电站文物陈列室展示了从清末时期兴建成的厂房、水轮发电机组和几十年来石龙坝水电站发展变化的图片、实物,并配有接待参观人员,宣传部门还编写了《石龙坝水电简介》,出版了《石龙奇月》《神龙盗火》两部章回小说,拍摄过《中国水电鼻祖》《岁月流芳话云南》《从石龙坝到葛洲坝》三部电视专题片,印制了石龙坝水电站工业遗产旅游配套的纪念章、碑文等宣传资料。越来越多的人认识到石龙坝水电站的重要地位和保护价值[11]。

据不完全统计,石龙坝水电站自从被列为重点文物保护单位以来,累计接待昆明片区大专院校、中小学校师生,省内外、国内外专家及社会团体百万余人次。通过爱国主义教育的参观、考察,参观者可以看到百年前的发电组、文物陈列室等珍贵遗迹。经过广泛宣传,石龙坝水电站目前已成为“发电、文物、教学、旅游”四位一体的综合型电站。

二、洞窝水电站开发现状调查

水电站是将水能转换为电能的综合工程设施,包括为利用水能生产电能而兴建的一系列水电站建筑物及装设的各种水电站设备。洞窝水电站作为四川最老的水电站、四川省唯一水力发电活态工业遗产,运营了近百年,对洞窝水电站的建筑物及设备现状展开调查是工业遗产开发利用的第一步。

(一)洞窝水电站工业遗产的认定

2019 年是洞窝水电站申报工业遗产的突破年。2018 年年底,“洞窝水电站抗战军工遗产群”被四川省经信委列入全省第一批省级工业遗产项目名单(共 10 个)。洞窝水电站被中国水利学会认定为“中国第一座自主设计建造的水电站”。2019 年 4 月 16 日,由中国科协调宣部主办,中国科协创新战略研究院、中国城市规划学会共同承办的“中国工业遗产保护名录(第二批)”发布会在北京举行。会上发布了中国工业遗产保护名录第二批名单,共涉及 100 个工业遗产。洞窝水电站名列其中。中国城市规划学会常务副理事长兼秘书长石楠介绍,之所以发布该名录,第一是唤起公众对工业遗产保护的关注;第二是支撑科学决策;第三是传承和发展城市文化。重视工业遗产保护最核心的是要通过工业遗产保护推动整个城市经济发展的转型和升级。在遗产活化利用过程中,要重视整体性、系统性的思维,从城市特色风貌入手,让工业遗产融入当代生活,使其成为公众日常生活的重要组成部分。洞窝水电站申报工业遗产并不仅仅是水电站工程,还包括附属于洞窝水电站的相关工程及非工程遗产,以及由洞窝水电站衍生或相关的文化遗产等。具体包括洞窝水电站服务的兵工厂遗址,水电站相关档案、文献、碑刻等,水电站相关主要历史人物的遗存、遗物等,以及与洞窝水电站相关的抗战等历史文化,历史名人、故事、文学艺术作品等。

2019 年 12 月 19 日,洞窝水电站得到国家工信部的认可,入选并成为第三批国家工业遗产的 49 个遗产之一。国家工业遗产名单最终公布的洞窝水电站工业遗存包括拦河坝、引水渠、厂房,发电机组,《泸县济和水力发电厂股份有限公司营业工程两部说明表》。

洞窝水电站入选国家工业遗产主要遗存及入选理由如下：

洞窝水电站[12]

所在地：四川省泸州市龙马潭区罗汉镇高坝社区

始建年代：1922

主要遗存：拦河坝、进水闸、输水渠（第一代输水管道）、调压池；1925年电站厂房及输水管道遗址、3套发电机组设备（其中2台1947年美国通用公司生产的发电机组）、尾水消能和导控工程厂房；开关站、输电线路；调速器、机柜；档案、回忆录、历史照片、碑刻

入选理由：内地继石龙坝水电站之后的第二座水电站，四川第一座水电站；中国人自行设计施工的第一座水电站，体现了中国当时水电工程设计施工的最高水平，将西方大坝工程设计理论与中国传统水工建筑材料、施工工艺有机结合（采用糯米浆拌石灰浆安砌条石，修建厂房及主机基础，仅使用少量水泥），设计者税西恒被称为"中国小水电之父"（见图5-3）；历经近百年仍在正常运行中，为抗战时期及以后的军工生产提供能源供应；首次采用交流升压交流输电；两台通用产发电机组是通用公司同批机组中唯一还在工作的机组

——《中国工业遗产保护名录介绍》

图5-3　税西恒像（摄于2020年）

（二）洞窝水电站工业遗产特性

客观、充分认识洞窝水电站的遗产特性是科学评估遗产价值、科学保护和合理利用遗产的基础。洞窝水电站具有综合性、系统性、发展性和在用性等基

本特性。

1. 综合性、系统性

洞窝水电站遗产体系包含水利水电工程、兵工厂系统及附属和衍生的相关遗产和文化，是综合性、系统性的遗产，同时兼具水利遗产、工业遗产、文化遗产等属性。遗产的各类组成部分共同构成一个有机整体，遗产内容及文化内涵丰富多样，遗产认定、评估和保护利用也因此呈现一定的复杂性。

2. 发展性

洞窝水电站自 1921 年筹建，历经多次改建、扩建，水利水电工程体系不断发展，其供电对象、兵工厂体系也在发展演变。因此，认知和保护利用洞窝水电站遗产时，应注意其发展历程及不同阶段的代表性遗产的时代特点，以及它们之间的发展传承关系。

3. 在用性

洞窝水电站主体工程设施保存至今，且其发电效益自 1925 年建成之后从未中断，至今仍在发电，而且在继续为兵工厂生产服务，这在中国早期建设的水电工程遗产中是不多见的。在制定遗产保护、利用措施时，应充分认识其作为在用、活态遗产的基本特点，并以保障遗产功能、可持续发挥为基本原则。

4. 与同期水电遗址相比

从始建时间来看，台湾龟山水电站是中国第一座水电站（1905），云南石龙坝是中国大陆地区第一座水电站（1910），前者是日据时期由日本人设计并投资建造，后者由中国人投资建造、聘请德国技术人员设计。洞窝水电站始建于1922 年，是由中国留学归来的水电专家税西恒主持设计并筹资建造的水电站，虽在建设时间上晚于龟山和石龙坝，但它是中国境内第一座由中国人设计、中国人投资建造的水电站，在中国水电发展史上具有标志性意义。与国际水电发展总体水平相比，中国近代水电开发明显滞后，这与当时国情和国家工业化整体发展阶段有关。

从水电站工程类型来看，早期中国建设的水电站以引水式电站、冲击式机组居多，尽量选址在自然高差比较集中的河段，以充分利用天然水头发电，装机容量几百千瓦不等，规模大都较小。洞窝水电站在这方面有一定代表性。

从水电站发电用途来看，洞窝水电站在当时历史背景下有非常突出的社会价值和政治意义。龟山水电站、丰满水电站都是日本侵华后为掠夺中国水电资源而建设的水电工程，为日本对华殖民统治、进一步扩大侵华战争发挥了基础支撑作用，是中国近代遭受侵略、民族苦难和国家危亡的象征。夺底沟水电站当时主要为达赖喇嘛政权服务；石龙坝水电站则是民族工业初步发展的代表，主要为生活照明供电，社会价值比较突出。相对而言，洞窝水电站的社会和政治意义更为丰富和突出。洞窝水电站最初名为济和水力发电厂，主要是为居民照明供电，它开启了四川省电力应用的先河，在四川省电气化发展进程中具有里程碑意义，社会价值十分突出；1939 年之后水电站转归第 23 兵工厂所有，为抗日战争生产弹药提供电力，对抗日战争的胜利作出了巨大贡献，它是中华民族抵抗侵略、保卫国家领土完整和维护国家尊严的象征。

　　从保存、利用现状来看，龟山水电站仅存遗址，洞窝水电站、石龙坝水电站、丰满水电站以及两座国外早期代表性水电工程保存基本完好且仍在发电，夺底沟水电站遗产工程已冲毁，现存为现代重建工程。

　　然而，洞窝水电站目前仍处于"养在深闺人未识"的状态。石龙坝水电站 1993 年被批准为省级重点文物保护单位，1997 年成为云南省爱国主义教育基地。2006 年 5 月 25 日，被国务院批准列入第六批全国重点文物保护单位名单。2018 年 1 月 27 日，石龙坝水电站入选中国工业遗产保护名录（第一批）名单。洞窝水电站与同期其他水电站遗址对比分析如表 5-2 所示。

表 5-2　洞窝水电站与其他水电站遗产对比分析表

名称	地点	开工/发电年份	电站类型	装机/千瓦	水头/米	设计建造者	现状	文化内涵
洞窝	四川泸州/龙溪河	1922/1925	引水式	140 +500×2 1 250	28～36	税西恒等设计，民间筹资	较好，在用	抗战、军工、政治、历史名人
龟山	台湾台北/新店溪	1904/1905	引水式	500 250	14.85	日本人设计建设	多次冲毁重建，仅存遗址	中国境内最早的水电站
石龙坝	云南昆明/螳螂川	1910/1912	引水式	240×2 +276×2 448 +720×2 +3000×2	16	德国人设计 官商合资建设	较好、在用 国保单位 第一批工业遗产 水电博物馆	中国大陆第一座水电站
夺底沟	西藏拉萨/拉萨河	1925/1928	引水式	92 改 220×3	210	强俄巴·仁增多吉设计 达赖政府建设	1947 年冲毁，1955 年重建	西藏第一座水电站

（续表）

名称	地点	开工/发电年份	电站类型	装机/千瓦	水头/米	设计建造者	现状	文化内涵
丰满	吉林丰满/第二松花江	1937/1943	坝后式	56.3万	92	日本人设计建造	良好	近代我国规模最大的水电站

转引自《洞窝水电站价值评估及对比研究报告》(报告编号：JZ0203A142018－061，第79页，泸州龙马潭区"两馆办"提供)

5. 与同类文保单位对比

在已公布的前七批全国重点文物保护单位中有不少水利遗产，其中大多为古代灌溉、防洪、航运或供水工程，近代水电工程仅有一项即云南石龙坝水电站。在第三次全国文物普查成果中，不乏近代水电工程，据统计有12座，其中包括洞窝、石龙坝、丰满水电站等在内。除石龙坝外，洞窝水电站是其中修建最早、保存较好的水电站。

与已列入全国重点文物保护单位的石龙坝水电站相比，洞窝水电站的历史相近，保存使用情况接近，历史科学及艺术价值略高。总体来看，目前全国重点文物保护名录中近代水电工程数量偏少，洞窝水电站具有突出价值和历史、政治代表性，列入国保可以补充、丰富相关文物保护单位的类型。目前，洞窝水电站是四川省重点文物保护单位，已大力开展申报全国重点文物保护单位。

6. 与四川其他工业遗产相比

作为内陆省份的四川工业发展落后于沿海地区，1877年四川总督丁宝桢在成都设立四川机器局，标志着四川工业发展的开端，开启了四川近代工业化的历程。但其后工业发展主要集中在两个时间节点。一是抗战时期西迁，国民政府出于抗战和生存的需要，把华东、华中、华南等地区的工业内迁到西部。二是20世纪60年代三线建设时期，四川很多城市的工业遗产主要集中在这一时期。比较有代表性的有乐山的嘉阳煤矿、攀枝花的攀钢1号高炉、成都的红光电子厂、绵阳的中国工程物理研究院旧址等。有的市区已经形成具有文化特色的工业旅游。例如乐山市犍为县的嘉阳煤矿的工业旅游开发就做得非常成功，嘉阳煤矿有着深厚的历史文化、保存完好的矿井和还在运营的小火车，经过开发宣传，春天油菜花开放的季节成为四川省各地民众前往打卡的著名工业旅游地。嘉阳煤矿工业遗产地旅游和城市其他旅游景点联动，嘉阳煤矿距离犍为县城20公里，距离乐山大佛和峨眉山也比较近，距离成都市仅两个多小时车程，现在已经成为犍为旅游环线的重要组成部分，目前正努力将其纳入乐山大佛和峨眉山世界遗产的旅游发展圈中,从而让嘉阳煤矿得到更多人的认识和了解。洞窝水电站是为数不多的四川早期工业遗留,是四川工业遗产的一个时代杰出代表。但是泸州开发程度较乐山等地较为落后,没有形成整体联动,洞窝水电站并未得到很好的开发。

(三)洞窝水电站工业遗产保护现状

洞窝水电站工业遗产保存现状整体较好,设置了专门的管理机构,在 2010 年开始得以开发利用,产生了一定的经济效益,但总体而言,商业开发并不成功,开发利用方案亟需调整转变。

1. 洞窝水电站管理机构

洞窝水电站目前的管理和使用机构为泸州北方化学工业有限公司,该公司在国民政府时期叫第 23 兵工厂,曾在 1938 年收购了洞窝水电站,目前泸州北方化学工业有限公司厂区占地面积 467 万平方米,资产 31 亿元,现有职工 5 000 余人。洞窝水电站一直作为内部发电站发电至今。此外,另有洞窝峡谷风景区管理所,主要管理景区建设及旅游事宜。作为省级重点文物保护单位,龙马潭区文物保护管理所对其依法实施文物保护管理。区水利局作为水行政主管部门,对园区内涉及的相关河流防洪、水资源调度等依法进行管理。

2. 洞窝水电站工业遗产现状

在同时期、同类遗产中,洞窝水电站的保存情况属于比较好的。即使洞窝水电站遗产保存现状整体较好,但一些重要历史工程、建筑、设施设备及相关文物仍然遭到遗失或遭到拆毁。例如,洞窝水电站最重要的遗产——1925 年建成的第一期厂房、输水钢管已拆,水轮发电机组在 1950 年代调拨石棉矿之后遗失,至今尚未寻回。目前,大坝、输水渠、压力前池等水利工程保存完好。1940 年代扩建的厂房、美国通用产水轮发电机组保存完好且仍在发电[13]。只是当前工程体系存在一定的安全隐患,工程管理单位正在计划除险加固。目前电站总装机 2 250 千瓦,年发电量约 400 万度,全部供给北方公司兵工生产使用。

在工业遗产保护的浪潮下,水电站管理机构的分管领导也认识到洞窝水电站的重要地位,尤其是国内第二、省内第一,为国内自己设计、施工之首创,且首开蜀地交流升压输电之先河。洞窝水电站历经近百年沧桑,发电至今不止,是记录和展现中国老工业历史的活文物。21 世纪初,洞窝水电站开始了工业遗产保护之路。2006 年,由泸州市文物保护管理所对洞窝水电站相关设施、设备进行全面调查,完成数据测绘、照片拍摄,并建立文物保护档案。2009 年 5 月,龙马潭区文管所对洞窝水电站及其周边进行了全面的文物普查,纳入第三次文物普查档案管理。经过长时期的努力,洞窝水电站已申请成为四川省重点文物保护单位,正在申报全国重点文物保护单位。目前,泸州市政府和龙马潭区政府以及洞窝水电站管理单位都非常重视遗产保护工作,正在组织编制遗产保护规划、筹备建设遗产博物馆。2018 年,泸州市龙马潭区全面开展了内涵挖掘、品牌打造、资料收集等工作,已相继获批中国水利学会"中国第一座自主设计建造水电站"、教育部全国中小学生研学实践基地、"第二批九三学社全国传统教育基地"、中国科协"第二批中国工业遗产保护名录"。

3. 洞窝水电站工业遗产开发利用现状

21 世纪初,在工业遗产保护浪潮还未传播至内陆地区之际,泸州市政府曾计划打造一个旅游景区——洞窝峡谷风景区。当时,该风景区计划在 5 年内投资 1.1 亿元,按国家 AAAA 级旅游景区标准打造,并且首期工程已于 2010 年 5 月完工。建成后的洞窝峡谷风景区成为集休闲旅游、观光旅游、商务旅游为一体的当地多功能旅游景区。洞窝风景区在各级政府的支持下由薛用彬先生商业投资修建。该风景区位于泸州市龙马潭区罗汉街道,毗邻中国海油,泸州港国际集装箱码头,距离泸州中心城区 10 余千米,位于长江左岸小支流龙溪河口以上 2 千米处。洞窝峡谷风景区内有四川最早、全国第二的水力发电站——洞窝水电站,景区以洞窝水电站而得名。泸州市政府在 2010 年为了发展旅游,还专门开通了两条旅游公交专线。即分别由城区市府路和龙马潭区高坝双向发往龙马潭区奎丰和洞窝风景区的公交路线 34 路、257 路车。这既是推动旅游开发之专线,也是泸州市道路运输管理部门积极推进城乡公交一体化,引导城市公交系统向农村延伸,让农村居民共享城市文明发展成果,建设社会主义新农村,推动城乡经济社会协调发展的又一举措。

泸州洞窝峡谷风景区依山傍水,景色宜人,可以誉为世外天然氧吧。洞窝峡谷风景区其自然风光兼有险、奇、幽、秀等多重特色,自建成以来,以洞窝二十景而闻名。龙溪瀑布倾泻而下,群山从四面八方向中心环抱,形成独特的峡谷天然奇观,林间小道清幽秀丽,飞来神石奇观凸显。洞窝峡谷风景区建设规划统一设计布局,建了上古睡佛、佛首、洞宾崖等景观,并斥重资打造了罗汉群石刻、笑弥勒佛、醉翁、索桥等景点。此外,还修建了洞窝峡谷风景区配套的洞宫大酒店、三星级农家乐"洞天福地"等餐饮娱乐场所。新修公路、桥梁、清理河道,使得洞窝峡谷风景区焕然一新。其规模的大小,间距的疏密都恰到好处,因山就势,错落有致,前呼后应,巧妙布局,或建于高山险峰之巅,或隐于悬崖绝壁之内、深山丛林之中,体现了景观与自然的高度和谐。洞窝峡谷风景区民间文化源远流长。民间传说活灵活现,既有八仙聚首,潜心修炼的故事,也有小白龙化石之美丽传说,神秘飘逸、精彩传神,让你如痴如醉。自然风光更是美不胜收,是观光旅游、度假休闲的理想去处。洞窝风景区设置景点如图5-4所示。

图5-4 洞窝风景区游览图

图片来源:洞窝风景区电子相册 https://baike.baidu.com/

泸州洞窝峡谷风景区开发了十余年,产生了一定的经济效益,但总体而言商业开发并不成功,后期经营者更换,长期处于亏损状态。洞窝峡谷风景区前期开发主要存在以下不足之处:

第一,洞窝峡谷风景区前期开发只是借用了洞窝之名,以宗教文化为主要景观,将弥勒佛等宗教文化与工业遗产建筑设计放置在一起。洞窝水电站并没放置在核心景区位置,没有凸显工业遗产的重要特性。之前开发规划的旅游景点20个,既有瀑布、龙溪河的自然景观,也打造了百年弥勒、三十二应声、天造佛首、五百罗汉岩这样的人造景观。最终因为资金问题,有近半数规划的景点并未完成。仔细解读这些规划的旅游景点,看上去眼花缭乱的景点却暴露了旅游资源不丰富,能够吸引人的旅游景点除了"笑弥罗汉"和"洞窝瀑布"(见图5-5)之外,其他基本上都是当代人造景观,没有太大观赏价值,而"洞窝瀑布"经常会因为无水成为干枯的悬崖,这也是制约洞窝发展的主要原因。1940年代扩建的厂房、保存完好且仍在发电的美国通用产水轮发电机组这些工业遗产内核的东西因为还在发电运作,反而闲置起来,拦起来不让游人进去观瞻。可见,洞窝峡谷风景区开发没有凸显景区内核特色,景点开发有些舍本逐末。

(a)   (b)

图 5-5　2016 年洞窝峡谷风景区照片

(a)笑弥勒佛像;(b)天造佛首景观

图片来源:洞窝风景区电子相册 https://baike.baidu.com/

　　第二,选择了同质化商业开发模式。泸州是国家历史文化名城,具有两千多年历史文化底蕴,历史遗存较多。泸州是典型的山地面貌,位于四川盆地南缘,境内有永宁河、赤水河、龙溪河、沱江、长江,以中部长江河谷为最低中心,向南北两岸逐渐升高。南北两岸地貌轮廓各异,南靠云贵高原,以低、中山为主,山地紧密,北岸为四川盆地微缓的倾斜平原,大部分是缓丘、宽谷地貌,呈现平畴沃野,田连阡陌地貌景观,自然景观旅游资源丰富,如图 5-6 泸州旅游攻略图所示。

图 5-6　泸州旅游攻略图

(图片来源:泸州市旅游局出品 2014 年版)

　　与洞窝峡谷风景区类似,既有自然景观又配有宗教开发模式的有泸州方山、玉蟾山景区。这两个景区离泸州城更近,是泸州老牌旅游景点。例如玉蟾山从唐代景福二年起,已建有圆通寺。每到观音菩萨生日,川南各地香客游人接踵而至,诵经作法,盛况空前。故而玉蟾山又有“小宝顶”之美称。山上还留有宋代书法家黄庭坚"玉蟾"、明代四川状元杨升庵的"金鳌峰"墨迹。清代虽然一场大火将山上古建筑毁于一旦,但以佛教传说和民间故事为题材的佛像石刻和摩崖造像 400 余尊依然吸引着善男信女。明代石刻大有丈余,小不足尺,雕刻人物神采各异,风格独特。其中千手观音、九龙浴太子、悟道图、十八罗汉飘海图等都是石刻艺术的精品之作。玉蟾山千手观音是玉蟾山最具代表性的石刻,距今 600 多年的历史,保存较好,在全国范围内实属罕见。直至今日,玉蟾山每年设有观音会,数千游客前来参加该项宗教活动。方山在唐朝就有"小终南山"的称号,清朝又多了"峨半堂""小峨眉"之称,方山寺庙更多,"方山四十八座寺,深锁淡烟乔木中",大大小小四十八座寺的佛,最有代表性的是黑脸观音,这座观音是方山的灵魂。每年大年初一,都会有上万人来到方山烧香拜佛,新年祈福。可见,这些景点都是川南佛教名山,宗教文化历史悠久,尤其是玉蟾山明代摩崖像堪称一绝。

通过与方山、玉蟾山景区的开发对比可见,在泸州这样一个中小城市,很多景区都有宗教寺庙场所,而且历史更为悠久,可以追溯到汉唐时期,洞窝峡谷风景区没有足够丰富的宗教文化底蕴,完全是重新打造。复制这样传统的开发模式——即同质化商业开发模式存在一定的问题。首先,这对游客的吸引力大大减弱了。例如大众点评 APP 里面有游客评价道:"景区实在太无聊了,我以后还会去方山、杨桥、玉蝉等,但肯定不会再去洞窝了。"其次,新建成的寺庙管理缺乏长期形成的制度规范。例如游客评论:"景区寺庙管理混乱。有诚心的人可以自己带香来上,不要相信什么免费香,免费香就是连环套的开始,观音殿中一'僧人'非良善之辈,非常凶悍,远离为妙。"在网络搜索发达的时代,这么多的负面评价又影响了更多游客的出行选择。对于项目而言,一味地拿来主义,只会导致文化个性的缺失。文旅商业项目打造更加需要根据区域特色去量身定制,跳开自身文化根基谈商业,商业项目也会缺乏灵魂。

第三,景区交通地理位置受限。洞窝峡谷风景区位于泸州龙马潭区罗汉镇,游客主要为本地游客,离高速公路和隆昌动车站有一定距离,四川省内其他城市的游客对此知之甚少。洞窝峡谷风景区作为本地景点,其品质也难以吸引外地游客。洞窝峡谷风景区受地理位置限制,本地游客量也并不高。该景区离市中区 20 公里,离市区亦较远,旅游交通不便,除自驾以外,从市区到景点需要乘市区公交车到高坝再转车,没有直达班车,而且去景点方向的车发班频率低,对于乘车去旅游的游客来说甚是不便。再则,因为洞窝属于商业景区,要收取30 元的门票费用,这也限制了本地人游玩的热情。近年来,这一景点人流量日渐稀少,二期项目迟迟未见动工,很多佛像也遭到摧毁,平日游人门可罗雀,呈现出荒芜的景象。2009 年竣工的洞宫大酒店已经变成了农家乐。在某旅游平台 APP 上可以看到评价"总体来说,不是很好耍,除了看那个大佛没什么好耍的,还有一个吊桥还勉强";"外地人初次来泸州,不熟悉当地景点,在网上看到百子弥勒佛的图片想去看佛像,结果啥也没看到,白跑了那么远。只能说是个公园,安静,没什么人,我们还是五一节假日去的。适合烧烤野营,看景点就算了吧。"

　　第四,景区开发资金受限。由于开发资金出现周转问题,洞窝峡谷风景区经营商出现更替。因为更换经营商,规划设计思路也出现变更,2017 年,"笑弥罗汉"遭到拆除。现在"笑弥罗汉"处已经成为临时儿童游乐场。之前规划设计的爬山步道也已经荒废,由于年久失修,目前管理方已用铁门封锁了爬山步道,如图 5-7 所示。

(a)　　　　　　　　　　　　　　　(b)

图 5-7　洞窝水电站(摄于 2020 年)

(a)曾经的爬山步道;(b)原笑弥罗汉处成儿童游乐场

　　通过对洞窝水电站的一系列保护和开发可见,洞窝水电站工业遗产并未得到有效开发利用,洞窝峡谷风景区的规划设计存在较大的缺陷,重新打造势在必行。洞窝水电站作为工业遗产再利用,必须与文化创意产业、工业旅游产业等现代服务业结合。

参 考 文 献

[1] 宋颖.上海工业遗产的保护与再利用研究[M].上海:复旦大学出版社,2014:1.

[2] 姚伟国.生活地理新视角[M].上海：上海教育出版社,2009：138.

[3] 鲁雨涵.国外是如何利用工业遗产的[J].瞭望东方周刊,2018(1)：30.

[4] 赵建达、董国锋.挪威百年水电站遗产的保护[J].小水电,2009(2)：1-2.

[5] 费正清.剑桥中国晚清史(1800—1911)(上)[M].北京：中国社会科学出版社,1985：13.

[6] 单霁翔.工业遗产保护现状的分析与思考：关注新型文化遗产保护[M].南京：译林出版社,2006：109.

[7] 无锡市文化遗产局.无锡建议——注重经济高速发展时期的工业遗产保护[M].南京：凤凰出版社,2007：1-2.

[8] 工信部.工业和信息化部财政部关于推进工业文化发展的指导意见[J].居业,2017(2)：8-9.

[9] 聂耳著,李辉.聂耳日记[M].郑州：大象出版社,2004：7-8.

[10] 赵灿东.石龙坝电站：中国水电站的老祖宗[J].中学历史教学参考,2000(3)：41.

[11] 张云辉,邵海燕.中国水电百年历史荣光见证——中国第一座水电站石龙坝水电站[J].云南档案,2019(10)：41-42.

[12] 工业文化遗产公众号.第三批国家工业遗产：洞窝水电站.工业遗产网 http://www.dayexue.com/Article/dfwh/202009/1256.html

[13] 魏冯,胡容.我国首座自主设计建造的水电站,近百岁仍在泸州运行[J].四川水力发电,2019(2)：56.

第六章

洞窝水电站工业遗产开发策略

有学者认为,遗产地旅游的价值并不在于遗址本身,而在于遗址所反映的对社会变革产生的影响。台湾学者王鑫认为遗产地旅游具有四个方面的属性:旅游吸引物、社区识别标志、正式与非正式教育基地以及经济重振的基础。不同的遗产地在这四个方面的表现有所不同,各有其侧重点。

通过前面对工业遗产保护现状进行的分析可以发现,洞窝水电站工业遗产开发的确存在薄弱点。首先,最大的不足在于1925年建成的第一期厂房、输水钢管已拆,第一台水轮发电机原厂房已损毁。其次,洞窝水电站只是一个小型水电站,与其他工业遗产相比,洞窝水电站遗址规模并不大,没有大型厂房、仓库等基础工业设施,而且遗址较为分散。此外,水电站工业遗产开发保护的参照物较少,经验总结尚不足,目前只有云南石龙坝水电站和少数国外水电站等开发经验可以借鉴。如何在现有遗址基础上因地制宜、有效开发,吸引更多的游客,需要进行各种大胆的设想与尝试。

与此同时,开发者也要看到洞窝水电站具有得天独厚的优势。第一,与单纯的工业遗产相比,洞窝水电站开发拥有较好的自然风光,洞窝峡谷兼有险、奇、幽、秀等多重特色。例如某平台APP上游客写道"此处的特点是罗汉和水景区至2015年都还在建设中,但它的水还是不错的"。"有一个瀑布,其他好像不怎么好玩。""风景秀丽,景色还不错";"自驾还是很方便的,门口可以免费停车,适合一家人郊游,空气也很好,要大半天差不多了。""在炎热的夏季,是一个休闲乘凉的好去处。""洞窝风景区不错,鲜花多,设计很精细,休闲最佳去处。""环境可以,空气好。"可以看到,游客对洞窝水电站的自然风光还是非常认同的,这可以弥补洞窝水电站工业遗址规模较小、分散的问题。第二,与其他废弃的工厂、矿山等工业遗产相比,洞窝水电站的特点是至今仍在使用,这使得开发历史具有延续性,增强了遗产地旅游的现场感。

如何结合当地实际情况,实施有效开发是本书撰写的目的之一,以下几个角度的思考或可作为洞窝水电站在当代焕发新的生机活力的策略途径。

一、锁定受众目标,与乡村振兴相结合

2016 年,国家旅游局发布的《全国工业旅游发展纲要(2016—2025 年)(征求意见稿)》提出,到 2020 年,工业旅游年接待人数达到 2.6 亿人次,旅游年收入达 200 亿元,直接就业 13 万人,间接就业 600 万人。在全国创建 10 个工业旅游城市(以传统老工业基地为依托),100 个工业旅游基地(以专业工业城镇和产业园区为依托),1 000 个国家工业旅游示范点(以企业为依托),初步构建协调发展的产品格局,成为我国城乡旅游业升级转型的重要战略支点。同年,国务院发布的《"十三五"旅游业发展规划》也提出,鼓励工业企业因地制宜发展工业旅游,促进转型升级,并推出一批工业旅游示范基地。

然而,目前工业遗产地旅游开发主要集中在城市,城市工业遗产地旅游也仅仅是个别点上的开发,与当地的社会经济转型和发展关联不大。工业遗产地旅游往往依托于厂房、宿舍等建筑本身的改造与再利用,大多仅仅保留下一些工业文明的符号,利用几乎都停留在"厂房艺术街区"的层次;做出开发探索的大多是艺术家、建筑学家,虽然越来越多的文创团队加入开发之中,但几乎都是自发的商业开发模式,设计水平有差异,游客吸引力参差不齐。城市工业遗产地旅游开发如果没有政府统筹规划,不与地方经济的转型发展结合,则很难得到国家的支持,实现可持续发展。

分布在城郊或乡村的工业遗产旅游地的开发更晚,至今还未形成统一的开发路径。因此,在建设初始阶段,明确这些地区工业遗产旅游地建设目的尤为重要。现今,单纯的景区开发已经无法满足人们日益高涨的精神消费需求,与周边的资源融合,以旅游度假、观光休闲、文化创意为载体,打造出特色旅游区,结合乡村振兴可持续发展是开发的必经道路。乡村工业遗产地旅游开发的最终目的是通过设计规划,让乡村拥有独属于自己的历史人文故事,与周边共融共生,让生活变得更加美好。

洞窝水电站工业遗产开发曾走过弯路。顺应特色小镇开发的时代浪潮,2016 年 7 月,泸州市龙马潭文化旅游小镇项目获准立项。该项目落户于泸州市龙马潭区罗汉街道群丰和特兴街道奎丰两村境内,也就是洞窝峡谷风景区目前所在地区,打造方为泸州西岸圣地海航旅游开发有限公司。该公司策划的项目是以龙溪河流域为核心的、占地面积 8.7 平方公里、耗资 100~150 亿元人民币,按 5A 级标准,利用独特的地理环境和别具一格的理念,打造位居国际前沿

的大地艺术,以及东方瀑布群、温泉度假村、农业观光园、酒业文化中心、影视基地等,把科技创意与传统旅游项目有机地结合起来。规划的文旅小镇建设内容包括科技文化公园旅游园区、洞窝峡谷瀑布旅游园区、温泉度假村、养生养老园区、配套医疗园区、配套教育园区、观光农业园区、旅游地产开发园区8大园区。通过图6-1洞窝水电站项目规划图可见,泸州龙马潭文化旅游小镇综合旅游开发项目规划在西南地区可谓空前绝后。文旅小镇建设方案正是顺应了中国兴建特色小镇潮流,项目立项体现了泸州政府正在努力建设一个集泸州人休闲娱乐、医疗养老、教育培训于一体的川南旅游新高地。但是,这一项目雷声大雨点小,后续并未持续跟进,至今毫无进展。

图6-1 洞窝水电站项目规划图

(图片来源:川南经济网 http://www.chuannane.com/)

分析龙马潭文化旅游小镇无法持续建设的根本原因在于:第一,规划"大而全",反倒失去了特色小镇独有的魅力。特色小镇"特"就在特色产业上面,为了避免走上同质竞争的规划误区,各地首先要做的就是打造特色产业,然后因地制宜,以特色产业为依托,建设具有强大生命力和市场竞争力的绿色、健康、美丽的新型产业小镇,而不能只是旅游小镇、加工小镇,更不能是房地产小镇。项目八大园区的开发可以说面面俱到,规划大而全。第二,缺乏资金的后期跟进。泸州西岸圣地海航旅游开发有限公司打造的西南国家航天科技文化园,把航天科技元素引入旅游项目中,将旅游意义提升到科技文化游和互动体验游的境界。这一开发项目的确很新奇,但总耗资100~150亿元人民币并非一家公司、企业所能承担的。脱离实际的规划方案无异于画饼充饥,达不到理想的效果,最终束之高阁,造成人力物力财力的浪费。

仔细思考可见,这个目标较为宏观,龙马潭文化旅游小镇项目缺乏对小镇本身分批、分类、分层的可持续性发展的综合考虑,且缺乏因地制宜的创意开发理念,对不少设施未能充分利用,如何具体实践探索,需要明确建设目的后,锁定受众目标,做出进一步思考探索。具体设想如图6-2所示。

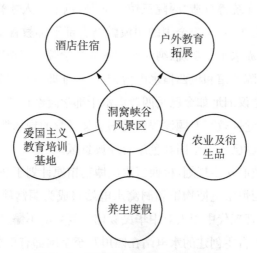

图6-2　洞窝峡谷风景区规划设想图

实际上,泸州市政府近年来也在努力探索将洞窝峡谷风景区开发与乡村振兴相结合的道路。对于政府而言,如何确定精准的保护利用模式是洞窝水电站工业遗产保护利用研究中的决定性步骤。泸州市政府对洞窝水电站如何打造重新进行了定位,结合乡村振兴思路,加大了洞窝峡谷景区的开发力度,力图提档升级。一方面,2017年,泸州市政府结合乡村振兴目标,启动了龙溪河整体开发,上报形成"龙马潭区龙马十八湾生态旅游PPP项目",已经进入省财政厅项目库,并获得了批复。龙马十八湾项目就是从德龙桥处开始沿龙溪河整体开发生态旅游。作为项目重点和亮点的"洞窝水电博物馆"计划投资8 000万元建设,将更好地展现泸州在抗战历史中的积极作用,宣传中国共产党领导的多党合作和政治协商制度优越性。博物馆还对加大现有文物保护力度,推动文化产业、旅游产业、教育培训产业、服务产业的发展具有积极意义。另一方面,政府还将此博物馆定位为泸州市龙马潭区"两馆"特色干部人才教育培训基地。此基地将在保护升级龙马潭区特有历史文化资源基础上,为广大党内外干部人才提供优质的教育培训资源。

(一)教育培训基地实践路径探索

习近平总书记指出:"历史是最好的教科书,学习党史国史是坚持和发展中国特色社会主义,把党和国家各项事业继续推向前进的必修课。"近年来,泸州市高度重视保护和传承红色文化、革命文化、历史文化,2017年10月30日泸州市出台了《关于建设泸州特色干部人才教育培训基地工作方案》,力争通过三年时间投入10亿元统筹打造"两院三馆一址"特色干部人才教育培训基地,将泸州建设成为辐射西南、享誉全国的川滇黔结合部干部教育培训新高地。"两院"即古蔺县四渡赤水干部学院、纳溪区护国人文学院;"三馆"包括泸顺起义陈列馆、蒋兆和故居陈列馆和税西恒水电博物馆;一址即"叙永鸡鸣三省石厢子会议旧址",石厢子会议旧址如今已是四渡赤水干部学院红色传承教育、十九大精神专题课程、党史党性教育专题课程和爱国主义教育的现场教学点。石厢子会议旧址在2017年就已入选全国红色旅游经典景区。

根据泸州市政府初步规划,税西恒水电博物馆原计划于2020年建成,目前仍在规划中。税西恒水电博物馆和洞窝水电站将成为洞窝峡谷风景区核心景区,这一景区将体现现代中国人对中华民族伟大复兴的不懈追求。洞窝水电站作为第一个中国人自主创建的水电站在四川乃至全国都有重要地位,水电站创建人税西恒被誉为"中国小水电之父",这是一个非常具有代表性的教育培训基地。通过挖掘这段历史,弘扬爱国主义历史文化,传承税西恒报国爱国热情的爱国主义精神,保护"洞窝风景区水电文化工业遗址",打造"洞窝水电站博物馆",使其成为爱国主义文化的瑰宝,成为全省及至海内外的知名爱国主义教育基地。目前,洞窝水电站已经是泸州重要的爱国教育基地,已获得"教育部全国中小学生研学实践基地""第二批九三学社全国传统教育基地"的称号。泸州市政府还计划将其建设为四川统一战线中国特色社会主义教育基地,进一步充分发挥基地的教育、培训、宣传、展示等功能作用,努力把基地建设成为可看、可学、有启发的统一战线特色品牌和窗口基地。目前,泸州市龙马潭区党校已经着手开展培训教材编写、爱国主义教育课程编制、统一战线课程编制工作,力图构建"党校培训＋基地培训""经典线路＋重点现场"的立体式培训格局。

需要注意的是,爱国教育培训基地建设也需要多元化。中小学生研学实践基地不能与统战教育基地、爱国主义教育基地采用同样的方式,课程设置应该更多样化。例如,英国黑乡博物馆以前是伯明翰旁边一个挖煤的地方,现在做成了博物馆。黑乡将维多利亚工业时代整个面貌全部保留了下来,它把周围能够收到的破烂全部都拿了回来。历史物件搜集、生活方式再现这些打造手法都很重要。小镇老年人穿上维多利亚时代的衣服给年轻人讲故事,节庆活动、见学活动安排得特别到位,一年到头有很多节庆活动和针对儿童的活动。洞窝峡谷风景区培训基地研学活动设计要根据不同的人群设计时长灵活的不同方案。

（二）现代生态观光农业小镇

以研学基地为主要功能，坚持农旅结合，营造生态农业休闲环境是乡村振兴，发展现代生态观光农业小镇的大众通用模式。早在 2012 年，龙马潭区政府就提出开发大三湾山水度假公园，发展农业生态旅游，开发农家乐、乡村酒店、农业旅游，推进休闲观光旅游项目，打造龙马潭区"三湾——洞窝"旅游产业新干线。在乡村振兴的大时代，如何借助精品打造，整合周边乡村资源，打造现代生态农业观光小镇，带动区域经济增长，将其与当地农民脱贫致富结合起来，把"绿水青山"转化为"金山银山"更成为洞窝峡谷风景区的重要使命。

泸州市政府全力支持这一旅游开发项目，目前项目总投资预计 8 000 万元，区委统战部、区文体广局、区发改局、区水务局等相关部门都在积极向上争取对口项目资金。龙马潭区将该项目纳入龙马十八弯 PPP 项目进行统一规划设计建设，将周边几个村积极布局发展为旅游服务的特色农产品产业，并与区内的相关景区融合。例如，龙马潭区已经成为川南最大的生姜种植基地，洞窝峡谷风景区附近分布有一定规模的葡萄庄园。但与之相配合的农业基地、农业合作社、农产品电商还需要相对应的引导发展。

生态观光农业涵盖面较广。农业及衍生品包括农耕体验、农业展示、农业衍生品销售。具体包括现代生态体验农业、生态种植农业、现代种植农业、有机生态果园与采摘、有机蔬菜基地；农业观光体验如景观花海、花圃苗圃盆栽苗木基地、园林景观、农家乐、农村作坊等。目前，生态观光农业做得较为普遍的是家庭小菜园、亲子开心农场模式，较为受欢迎的是"有机农场＋特色民宿＋亲子农场"，打造时代氛围浓郁、具有创意新意的特色农场运作模式。特色农场运作首先也是最重要的是锁定客群。城市居民是郊野农业主题公园的主要客源，这些客群的主要特点是周末和节假日出游比较频繁，他们有从"建筑森林""逃"向"绿色森林"的愿望，于是与中心城市在一到两个小时车程之内的郊区成为香饽饽，因此郊野休闲旅游是城市居民周末出游的首选。这一客群在出游方式上通常以自驾为主，在人员组织上，通常是全家出游，人群上有老人、中青年、儿童，因此，在规划设计时要针对家庭出游的人群结构合理安排园内的旅游产品和项目内容，在构想郊野生态休闲、农业休闲、度假、会议、娱乐、游乐等功能时，一要满足老年群体的需求，形成如垂钓、郊野散步、棋类游戏、摄影等休闲娱乐项目，二要照顾中青年群体，形成游乐园、赛车、赛马、蹦极、攀岩等游乐娱乐项目，三要满足儿童群体的需求，形成小型儿童游乐、民俗游艺、动物表演等娱乐项目。

洞窝峡谷风景区开发生态型农庄主题公园较为合适,因其位于城市郊区,距离泸州市区仅有一小时车程,拥有非常好的生态环境,具有良好的植被基础,具有山谷、溪流、树木、湿地等原生态的郊野环境,园区内有高含量的负氧离子,具备了供人们亲近自然和户外休闲的条件。农业主题公园最与众不同的地方在于其可以让人在游乐体验的同时充分享受自然。以良好的生态郊野环境为依托,结合露营、户外拓展、垂钓、郊野漫步、郊野游乐、马术体验、休闲露营等郊野休闲项目,这就构成了生态型农庄主题公园与城市主题公园的主要区别。洞窝峡谷风景区要通过各类项目的合理搭配,以最大限度地满足城市家庭旅游需求为核心,对郊野休闲游憩模式进行创新,以新的创意方式组织吃、住、行、游、购、娱、康、体、疗、悟等功能,形成生态型农庄主题公园的最大卖点,同时以"生态+游乐+农业民俗+农庄度假"的最佳组合找到其自身发展的市场空间,形成乡村休闲娱乐新模式。

(三) 以水利文化为底蕴的度假小镇

工业遗产保护是一项综合而复杂的系统工程,工业遗产的核心价值应由包含物质和非物质的文化来决定,而不是将文化附着于单纯的现代化范式下的建筑物再造或城市地块更新。因为文化才是工业遗产保护的关键词。在打造以水利文化为底蕴的度假小镇时,尤其要注意建筑的统一协调,扩建加建要在原有建筑结构的基础上或者与原建筑关系密切的空间范围内。洞窝水电站三级梯级开发与美丽的龙溪河融为一体,既实现了发电的经济效益,也实现了农田灌溉的社会价值。洞窝水电站设备和水工构筑物以外的区域和建筑物,形成了独特的峡谷风景景观,尤其适合建设度假休闲生活小镇。现今,度假休闲小镇往往与艺术相结合,四川各类艺术小镇越来越多,例如成都郊区的大同镇、斜源镇。洞窝水电站主体工程设施保存至今,且其发电效益自 1925 年建成之后从未中断,而且在继续为兵工生产服务,这在中国早期建设的水电工程遗产中是不多见的。度假小镇开发可以充分利用其水利文化,让工业遗产参观成为一种新的文化体验和经济增长点。

现今度假小镇并不是单纯的度假避暑之地。度假休闲模式有多种,如禅修即是一种放松心灵的度假生活方式。针对洞窝峡谷风景区已有的佛像,打造禅修小镇。构筑禅修小镇精舍,里面可以做得很有禅意,能够打坐、参禅,吃禅食,更重要的是这类特色小镇的服务成本极低,非常有利于商业开发。

(四) 郊野公园自然游乐场

这类游乐园与迪士尼、华侨城、方特这些大型城市游乐园不同,洞窝峡谷风景区开发可以借鉴深圳自然主题游乐园。深圳"坪山全域自然博物馆"项目基于"水泥步道零成长、自然生态零破坏、自然环境零冲击"的基本理念,依托马峦山自然、人文、历史资源,发挥马峦山的多元生态服务功能,规划中国首套智慧型、成体系、零机械的郊野公园研习径系统。通过设计18条覆盖坪山全境的学习参观线路,打造线路、研习主题、课程结构多样化的自然研习路径,全面提升徒步体验品质、增强居民幸福感。道路链接学习系统覆盖坪山全境——包括图书、导赏地图、在线语音导览、在线学习课程等,是一个没有围墙,没有时空限制,没有身份区隔,人人平等,开放共享的学习型"全域自然博物馆"。

洞窝峡谷风景区拥有非常好的生态环境,具有良好的植被基础,具有山谷、溪流、树木、湿地等原生态的郊野环境,洞窝峡谷旅游区属中亚热带湿润季风气候,龙溪河穿过洞窝峡谷旅游区中心,将旅游区分隔在两岸。其中东岸榕树、红樟树等树木成林,四季常绿,形成了天然的绿色城堡,可以用"走进洞窝,走进自然"这八个字形象概括。之前开发也打造了登山步道,有一定的开发基础。因而,自然主题游乐公园的开发势必能吸引城市市民郊外休闲游。

二、潜心规划,专业打造

2018年3月22日,文化和旅游部发布的《国务院办公厅关于促进全域旅游发展的指导意见》要求,"推动旅游与科技、教育、文化、卫生、体育融合发展……科学利用传统村落、文物遗迹及博物馆、纪念馆、美术馆、艺术馆、世界文化遗产、非物质文化遗产展示馆等文化场所开展文化、文物旅游,推动剧场、演艺、游乐、动漫等产业与旅游业融合开展文化体验旅游。"工业遗产地旅游逐渐成为热门旅游线路。但工业遗产旅游地打造是一项多学科交叉的系统工程,不能单靠政府指导规划,需要专业化的人才队伍参与工业遗产保护开发工作。

(一)重视前期规划、寻求专业机构打造

工业遗产地旅游打造必须引进规划设计研究院、先进文创团队因地制宜规划打造。例如重庆涪陵地下核军工洞体816工程是三线建设时期的重庆重要工业遗产地,作为曾经的国家高度保密的军工工程,816地下洞体工程及乌江对岸高地上为洞体工程提供机械和检修设备的堆工机械加工厂和6万余军民生活过的816生活区是一片神秘之地。2002年,随着816地下洞体对外解密才得以揭开它们的神秘面纱。到目前为止,地下核军工洞体只开发了不到十分之一。在开发洞体线路的同时,在乌江对岸的816生活区和816机械加工厂也于2018年开始开发打造了816小镇。816小镇不仅修建了星光民宿、星光书

院、工厂食堂、亲子乐园,还对40余间厂房进行了改造,修筑了具有厚重历史感的816军工陈列馆、摄影展览馆等。这片当年由周恩来总理亲自批示修建的绝密级国防核军工程的土地深藏大山深处,比邻乌江之畔,有着世外桃源般的绝美自然环境。半个多世纪峥嵘岁月的历史文化又为它积淀了厚重的人文环境,让它得以续接中国几千年来民族基因里的家国情怀,传承三线建设几代人的历史记忆,传扬几代人的奉献精神,成为现代都市人寻觅已久的理想生活原乡。

洞窝水电站工业遗产打造同样既要有对乡村振兴体验区、亲子游乐区、田园产品体验区、文旅体验区的功能分区合理规划,又要对山径步道、景区民宿、景观水池、艺术展场、运动球场、田园体验区等建筑进行设计规划。筹建前期规划、投入筹备越细,就越容易避免建设过程中出现不断更迭的状况。洞窝峡谷风景区全域自然主题游乐公园、度假小镇如何突出水利文化的底蕴进行打造是离不开专门文创公司及专业户外团队的。洞窝水电站工业遗产打造更重要的是还要塑造精神高地,凸显创始人的奉献精神,传承中华民族薪火相传的不畏艰难、保家卫国的家国情怀。

(二)精心打造核心景区

博物馆既是公共文化服务的重要阵地,又是旅游发展的重要载体。例如柳州博物馆便是集展示、教育、旅游、休闲、购物、娱乐为一体的工业文化景区。从参观人数来看,工业遗产保护已体现出社会效益。无锡茂新面粉厂1945年创建,改造为民族工商业博物馆,对中国工业尤其是无锡工业发展有巨大推动作用。1903年创建的青岛啤酒厂,改建为青岛啤酒博物馆,为中国的啤酒业保留下了完善的历史遗产,为总结、挖掘、发扬光大啤酒文化搭建了平台。游览工业类博物馆既可以培育人们的科学技术素养,又可以培养人们的人文素养。精心打造核心景区——洞窝水电站博物馆是洞窝水电站工业遗产开发的重点。

税西恒水电博物馆已于2017年被列入泸州市项目建设"十三五规划",并已编制形成《税西恒水电博物馆(泸州市济和水电站工业遗址保护)项目建议书》初稿,拟规划利用洞窝水电站周边山洞建筑进行改造建设。博物馆初步计划按中型博物馆(4 000—20 000平方米)规模打造,设计年限100年,展馆设计主建筑为一层,局部为三层,总高控制在5米,项目总投资预计3 800万元。

洞窝水电站工业博物馆建设中尤其要重视空间与展示形式的再生。从展示内容来看,展馆展示的不光是这座水电站的历史,其包含的内容可以多元化,如税西恒探索救国历史,水电站建设历史,中国水利史,北方化工公司发展史、泸州未来篇等。从展示形式来看,更应该与时俱进,形成新的互动的展示方式,让参观者驻足留恋,把展馆融入咖啡馆、图书馆,让场景更灵活多变。甚至引入博物馆 VR 系统,重现当年税西恒兴建拦河坝、引水渠、厂房的艰苦历程。同时,也可以通过影视系统,充分展示洞窝水电站拦河坝、输水渠、调压池、电站厂房及输水发电系统,体系设计完善,尤其是拦河坝工程坝型采用现代的支墩拱坝,建筑材料是中国传统的条石及糯米灰浆胶接,结构科学、材料工艺因地制宜,体现了当时水电工程设计最高水平。将 VR、AR 等现代科技融入红色故事讲解中,能让游客身临其境体会到先驱者们英勇无畏的精神,让红色历史成为可以穿越的历史与可以透视的故事。洞窝水电站用粮食打造的"糯米工程",包含着中国古代石拱建造艺术的第一堤、第二堤和第三堤,既坚固又美观,完全符合工程质量要求,历经九十载日晒雨淋后,除了表面的石块有少许风化外,连接处仍然固若金汤。机房是在整个岩石上"抠出来"的。安装机组的老厂房当时是用条石建造的,20 世纪 80 年代,为了机房的整洁漂亮,厂房的条石外墙面剥落的墙体还能清晰看见裸露的条石。从空间规划角度看,博物馆河堤改造为 Loft 风格的公共餐厅,增加一些水利元素,融合独特文创产品,成为一个独一无二的水上餐厅。另外,洞窝水电站博物馆亟需开发文创产品,例如水利机械模型,线下零售,配合线上商城、微信公众号推广。

目前,洞窝水电站工业博物馆已完成前期筹备工作。泸州市政府和龙马潭区政府邀请中国水利水电科学研究院完成了《洞窝水电站价值评估与对比研究》;委托北京国文琰公司开展"国家级文物保护单位"申报和编制洞窝水电站文物保护规划;并征求各方意见建议,邀请九三学社中央研究室原主任、北京大学历史系教授岳庆平调研水电站,指导项目申报和博物馆建设。其建设方式为市区共建,以区为主。由龙马潭区负责项目建设,市级相关部门做好配合指导。但是,在博物馆建设、管理领域存在专业人才缺乏,专家力量分散的问题。同时,还存在经费保障不足的问题,文创公司无力单独承担这一项目的开发,因此,洞窝水电博物馆至今迟迟未见动工。

三、多方合作,形成多重合力

目前,国内很多工业遗产地旅游资源的开发和保护因涉及多方主题,缺乏协调各方利益的协同机制,缺乏协调企业、社会团体与普通民众利益的政策措施,导致工业遗产开发再利用的收益分配无章可循,利益各方缺乏稳定的约束和预期,没有形成合作推动工业遗产保护的合力。因此,积极促建多方合作,并形成多重合力,推动洞窝水电站工业遗产保护和开发,是洞窝水电站工业遗产开发的有效途径。

(一)政府助推旅游资源合理开发利用

政府作为推进工业遗产地旅游发展的重要主体,应充分发挥其主导作用,促进工业企业、社区居民对工业遗产地旅游资源的合理开发和利用。开发之初,政府要制定相关规划准则,适时引导企业竞相资源开发创新。泸州市政府对洞窝水电站工业遗产开发高度重视,开展了以下工作:

首先,泸州市政府制定了工业遗产保护与利用规划导则。明确工业遗产位置、范围及保护要求,并落实在相关的控制性详细规划图则中作为规划管理依据。在相应控规中划出工业遗产紫线。第一,按照《城市紫线管理办法》,由市规划部门会同有关部门,经专家论证,划出工业遗产城市紫线,纳入规划管理。第二,规划许可严格遵守城市紫线有关要求,在规划许可的"一书二证"阶段将工业遗产保护作为规定性要求,切实加强工业遗产的保护。第三,调整工业遗产须经论证。如涉及工业遗产名录及城市紫线调整,应由规划部门组织有关部门和专家进行专题论证后,按原程序报市政府同意后方可调整。开发初期即利用财政支出,致力于工业博物馆、工业遗址公园等公共文化设施项目建设。同时研究制定相应的税收、土地等政策,鼓励引导社会力量、民间资本参与工业遗产保护工作,形成政府主导、社会参与、多元合作的良性格局与机制。

其次,设置专门机构进行衔接沟通。泸州市政府龙马潭区高度重视包括洞窝水电博物馆在内的"两馆"建设,区委常委会、区政府常务会专题研究"两馆"建设,以区委办公室、区政府办公室名义制发《泸州市龙马潭区"两馆"特色干部人才教育培训基地建设方案》的通知(泸龙委办发〔2018〕24号),明确目标任务、工作要求和职责分工。成立以区委书记、区长为双组长的领导小组和区委、区政府为分管领导与组长的推进小组,设立推进小组办公室,区级(含泸州长江经济开发区)相关部门、街道列入成员单位。市区有关单位抽调专人进入"两馆"办,专职协调推进有关工作。在洞窝水电工业博物馆建设过程中,主要领导密切关注,分管区领导靠前指挥,区委组织部、区委统战部、区文体广局等部门积极参与,邀请省文化厅领导到现场考察指导,并组织召开了专家论证会,专家对洞窝水电站的文物价值给予了高度评价。区领导和相关部门向国家文物局、九三学社中央委员会、省文物局汇报有关工作。目前,区"两馆"办完成了洞窝水电博物馆史料征集方案,并赴多地收集了税西恒实业救国的史料。区"两馆"办赴重庆与重庆九三学社对接,到税西恒生前工作单位收集资料、采访相关人士。目前,共采访完成涉及洞窝水电站及税西恒口述史14人次,征集税氏老宅实物 12 件、税西恒用品 2 件，拷贝翻拍图片、复印有关文件、收集文字资料近百件。

从政府角度而言，完成这两项工作只能算是完成阶段性工作。政府要对开发主体、开发资源有清晰认识，积极拟定政策促进产业资本引进才是务实之处。除了政府财政提供必要的开发资金之外，还需要制定积极的奖励政策以吸引民间资本参与开发。同时，成立对接洞窝水电站工业遗产保护与利用的智库，组织专家学者对产权关系、开发模式、资源普查、文化精神、发展变迁等进行梳理；税西恒是九三学社创始人，可以争取党派中央力量的支持，适时召开九三学社中央委员会、国家文物局、国文琰文物保护发展有限公司、水科院联合座谈会，争取更多社会力量支持。

（二）提高企业保护工业遗址的认知

拥有"活物"的工业遗产对于企业而言是至高的荣耀，因此，工业企业应增强对资源价值的认识，进一步思考如何兼顾正常的工业生产与可观的工业旅游经济效益。洞窝水电站工业遗产是泸州北方公司的一个组成部分，其开发建设要加强与泸州北方公司的合作，除了政府每年投入的部分经费之外，还需要企业配套大量的保护经费，甚至自主开发。在这一过程中，企业应该创新体制机制，发挥更大的作用。例如，可以在集团内部成立相关机构，主动对接地方政府相关部门，提供档案等多种实物资料，与地方发改委、旅游等部门积极协调配合，组织老员工编修企业发展史等。

扩宽社会公众参与的渠道是一个重要的推进措施。一方面，可以调动社会公众参与的积极性，构建社会公众参与渠道，能极大地减轻政府负担。另一方面，工业遗产本身存在于许多群众的集体记忆中，代表基层群众的情感诉求，具有一定的社会基础。因此，拓宽社会公众参与的渠道，吸引更多的社会公众参与工业遗产保护，与政府形成合作、互补、监督的互动形态，能形成政府自上而下发起、公众自下而上推动相结合的工业遗产合作保护机制，从而优化工业遗产保护资源配置。例如，税西恒和洞窝水电站的图片、影像、物品等历史资料，需要发动广大群众收集。如何结合实际，结合乡村振兴深度开发，需要充分调动街道社区、民众、社会力量的积极性，进而形成多种合力。龙马潭区特兴镇奎丰村村支书王小平曾提出发展建议：发展"洞窝风景区——桐兴桂圆林——奎丰桃花源——魏园芙蓉岛——金夫人摄影基地——走马蔬菜基地"一体农业观光旅游。由于所站角度不同，这些意见并非尽善尽美，开发存在特色缺乏、品质不高、管理落后等问题，难以满足游客的需求，并且景点项目设置主要集中在花卉观赏、水果采摘、垂钓、农家乐,参与性十分有限,离景区开发提档升级还有一定差距。

四、多地联合,形成全域旅游

泸州市是一座历史文化名城。综观整个四川省,泸州 4A 级景区仅次于巴中、广元、绵阳、雅安、乐山 5 个城市,泸州全市有各级文物保护单位 164 处,其中国家级 5 处,省级 10 处。泸州市 4A 级知名景区分类见表 6-1。国家级重点文物保护单位有明代泸州特曲老窖池、明代泸县龙脑桥、清代春秋祠、泸县宋墓。四川省级文物保护单位有中国工农红军四渡赤水遗址、明代玉蟾山摩崖造像、宋代报恩塔等 10 个。泸州市级文物保护单位有汉代沙洞子崖墓群、宋代泸州街坊、钟鼓楼、清代尧坝镇东岳庙及古街道民居群等 53 个。泸州更为民众所熟知的是“酒城”的美誉,泸州以出产泸州老窖酒和古蔺郎酒闻名天下,是我国唯一拥有两个国家名酒的地区。近年来,泸州市成功申报的工业遗产有三个,泸州老窖窖池群及酿酒作坊、洞窝水电站抗战军工遗产群、先市酱油传统酿制技艺传习基地。可见,泸州市开展工业遗产地旅游基础非常好,但目前始终缺少与其他工业建筑、工业景观的融合开发和优势互补,缺乏对资源进行系统地品牌打造,导致川南整体工业遗产地旅游线路对游客的吸引力不足。

表 6-1　泸州市 4A 级知名景区分类

自然类景区	人文类景区	复合类景区
张坝桂圆林	泸州老窖旅游区	太平古镇
黄荆原始森林	洞窝水电站	尧坝古镇
清溪谷旅游区	先市酱油传统酿制技艺传习基地	方山
泸县龙桥文化生态园		
天仙硐景区		
凤凰湖旅游区		
纳溪区云溪温泉旅游景区		

通过对泸州 4A 级知名景区的分类,可以发现泸州景区多以自然景区为主,复合类景区较少,且泸州景区只有两个古镇和泸州老窖景区知名度较高,景区整体知名度在四川省较低,各景区之间缺少内在联系,政府推广力度低,树立城市旅游品牌意识低。如何多地联合,形成多点联动,打造川南旅游品牌成为

不可忽视的话题。

（一）以红色旅游为核心，形成多点联动

泸州是一座充满红色基因的城市，打造红色旅游品牌具有可行性。泸州红色旅游资源众多，其中纳入《全国红色旅游景点景区名录》景点有三处——太平四渡赤水纪念地、鸡鸣三省石厢子会议旧址、泸顺起义旅游区，此外还有泸州护国运动文化园区，四级资源 11 项，三级资源 25 项，具有较高的红色开发价值。为了提升品牌力，泸州以重点打造带动体系跃升、以资源整合拉动产业融合为导向，投入 14 亿元打造"两院三馆一址"特色干部教育培训基地（四渡赤水干部学院、护国人文学院，洞窝水电博物馆、蒋兆和故居陈列馆、泸顺起义陈列馆，叙永鸡鸣三省石厢子会议旧址）。红色文化贯穿新时代干部队伍党性教育过程，着力打造一批有特色、有亮点的现场教学基地，目前，四渡赤水干部学院、护国人文学院同时入选全省八个党性教育基地，泸州成为全省唯一拥有两个省级党性教育基地的城市。四渡赤水干部学院入选全省"不忘初心、牢记使命"主题教育十个党史党性教育基地。办学以来，全市特色干部人才教育培训基地承接国家机关、省内外培训 1007 期，培训 6.27 万人次。洞窝水电博物馆目前干部内部培训教材《税西恒与洞窝水电站》编写完成并顺利通过专家组评审。泸州四渡赤水太平——二郎红色旅游景区已开始创建 5A 级旅游景区工作。

但是泸州红色旅游资源分布较为零散，川南地区红色旅游景区接待服务水平有待提高，资源整合利用不够，未形成较有规模的红色旅游景区组团。究其原因，第一，红色旅游景点多数存在交通不便的问题，加强红色旅游公路建设，全面改善红色旅游景区对外交通条件，加快省级红色旅游扶贫示范村等旅游景点的乡村旅游公路建设是突破联动不足的关键所在。泸州政府应加大各景点之间交通设施建设，景观路、文化路的设计，使各景区之间融会贯通。第二，红色旅游文化内涵挖掘不足，内部串联度不足。如何增强文化内涵，如何创新发展形式、促进业态融合，成为推动红色旅游高质量发展的关键所在。例如，江西赣州、贵州遵义、陕西延安市文化旅游部门共同签订了《文化旅游合作框架协议》，有效整合三地长征文化旅游资源，共同推出以长征文化为主题的精品旅游线路，将长征的重要节点按照时间维度进行串联，进一步传承和弘扬长征精神，打造具有全球知名度的红色文化旅游品牌。因此，泸州需要与国际接轨，汲取国际上丰富的遗产保护经验和遗产管理成果，整合地方遗产资源，实现由"单打独斗"向"联合抗击"转变，不仅应与川南各地，还要与贵州、云南区县地区联合开发打造红色旅游主题线路，可以为游客更完整、全面地呈现一段红色历史，通过延长红色旅游 IP 价值链,打造红色旅游精品,可以让游客的红色之旅更加难忘。

(二) 根据旅游市场调整,形成多地联合

随着泸州高铁和多条高速公路的筑成,泸州市可以根据市场需求,将红色旅游和自然景观、历史人文景观紧密结合在一起,开通连接成都、重庆、贵阳、绵阳、达州、攀枝花等红色旅游专列,形成旅游环线。这方面取得成功经验的范例有湖南韶山。韶山以乡村田园风貌为生态基底,以韶山红色文化为核心特色,拉动贫困乡镇经济发展,打造了集红色文化体验、爱国主义教育、艺术农创民俗体验为一体的田园综合旅游小镇。洞窝水电站工业遗产开发如何多地联合还需学习借鉴类似经验。

目前,已有重庆出发到泸州洞窝峡谷、罗湾桂圆采摘一日游,重庆至张坝桂圆林、洞窝一日游这类体验式乡村游专线。重庆到泸州一日游所需时间为 2.5 小时,先参观洞窝风景区,随后驱车前往素有“水果之乡”之称的罗湾村。在观赏的同时,还可以亲手采摘桂圆。这一旅行线路参与者以老年团为主,还有较大的深入挖掘的空间。

五、加强营销开发理念

泸州市作为国家历史文化名城、优秀旅游城市,具有独特的历史文化内涵,丰富的民俗文化、农耕文化和酒文化,将洞窝水电站工业遗产与泸州旅游一同营销开发,是实现洞窝水电站工业遗产有效开始的又一策略。

首先,加强营销开发内容提炼。例如洞窝水电站是四川最老的水电站、四川省唯一水力发电活态工业遗产和我国近现代工业遗产的典型代表。目前,泸州旅游宣传策划力度不够。在网络、自媒体发达的今日,关于洞窝风景区的介绍依然寥寥,一些泸州市民对本地杰出人物税西恒并不了解,甚至连名字都不知道。这导致洞窝水电站景区常年冷清,难以提升吸引力和知名度;同时,目前旅游开发还停留于本地景点打造,难以吸引更多省内、省外游客。例如洞窝水电站无论是处在“爱国主义教育基地”还是“水电博物馆”阶段,洞窝水电站都没有从工业遗产的角度充分体现出其具有的巨大价值,只是当作洞窝峡谷风景区的一部分,孤立地从爱国教育、历史价值等方面进行传统的静态展示。虽然重点谈论的是洞窝水电站工业遗产开发,但景点创新不够、档次较低、功能单一,景区没有更多的文化体验项目。因而,洞窝水电站工业遗产开发不是单纯一个景区的开发,要放到整个泸州甚至川南地区旅游开发与经营角度进行改善升

级,甚至要有国际视野,凸显出洞窝水电站的保护与利用的价值,唤醒泸州市民的自豪感,增强保护意识。

其次,选择适当的媒介渠道,加强大众传播途径,拓宽多种营销方式尤为重要。对外宣传的目的是把工业遗产保护的重要性通过潜移默化的方法向公众渗透,这是保护工业遗产的一条重要途径。泸州市政府相关部门要开展多种形式,开发不同渠道,使得洞窝水电站工业遗产的保护与利用深入人心。通过科普、艺术、文艺等贴近老百姓的方式向公众讲述税西恒和洞窝水电站的故事,提供多渠道的认知、欣赏、享受方式。例如借洞窝水电站百年大庆之际,以洞窝水电站历史为背景,拍摄一部全新的纪录片或者群演话剧,开展有关世界水电站发展历史、工业遗产保护等主题的展览,将税西恒艰难创建洞窝水电站的历程以及洞窝水电站在抗战中的贡献再现出来;再如,在泸州城区利用具有特殊意义的日子,做出主题展览,并进行广泛宣传报道。

除了大型宣传之外,还需配合日常宣传。例如在各个社区和教育部门、公众场合向社会发放洞窝水电站相关的小册子、传单等,一方面宣传泸州市名人洞窝水电站创始人税西恒和洞窝水电站的悠久历史,增强市民对本地文化的了解,唤醒泸州市民的自豪感;另一方面普及目标受众的工业遗产保护意识。交通宣传也是一个重要的日常宣传途径。在泸州公交车和出行班车身上印宣传字样和图案,在高速公路、乡镇公路出入口以及水电站周边的旅游景点树立相关的广告牌和标识牌也能达到不错的效果。

此外,大众宣传途径应该多样化,除了以上常规宣传手段,出版物、展览、电视、互联网都可以充分发挥效用,引导公众对工业遗产的关注,提高公众审美水平和认知水平。目前,泸州市已开通专门旅游宣传网站,以图片、文字等形式在网络上宣传洞窝水电站的发展历史以及保护和开发的进展。但宣传力度远远不够。网络宣传一方面要借助为人熟知的诸如新华社等媒体,联系学习强国、今日头条等关注度很高的 APP 进行系列报道宣传;另一方面还要借助年轻人尤为熟悉的抖音、小红书、微信公众号等新型传媒工具,进行最直接的宣传。还可通过组织航拍视觉冲击、公众号系列图文并茂的宣传,将"养在深闺人未识"的洞窝水电站工业遗产进行更为深入的宣传。

附 录

税西恒大事年表

1889年2月17日,税西恒(税绍圣)出生于四川泸县凤仪乡白云场团山堡(太伏镇白云场王家湾村)。

1896年至1904年,税西恒在家乡私塾读书学习。

1905年底,税西恒到成都嘉定中学上学。

1906年,17岁的税西恒随次兄税南承到上海入中国公学就读。

1909年10月25日,税西恒考入青岛特别高等专门学堂。

1911年12月1日,税西恒由汪精卫、李石曾介绍加入京津同盟会(又称京津保同盟会或同盟会京津保支部),更加积极投身于民主革命运动。

1912年夏,23岁的税西恒在青岛高等学堂毕业。

1913年,税西恒经西伯利亚赴德国求学,进入柏林工业大学深造。

1917年,税西恒经过四年课程的学习和一年工厂实习,以优异成绩毕业,获德国国家工程师称号。受聘为西门子电气公司任设计工程师。

1919年5月至本年9月,税西恒在成都四川兵工厂担任总工程师。

1919年9月至本年12月,税西恒在成都四川工业专门学校任科主任教授。

1920年4月至1927年4月,税西恒在泸县济和水力发电厂任总工程师。

1922年,税西恒在南京加入科学社。

1923年,税西恒同骆敬瞻(状元骆成骧之子)等修建"惠工机械厂"于茜草坝。

1925年,税西恒来到重庆开始着手创建重庆自来水厂。

1927年春,重庆自来水厂建设工程开工。税西恒任总工程师。

1928年初,由泸县县政府市政公所主持,决定筹资修建钟鼓楼。

1928年在上海加入工程师学会。同年,39岁的税西恒与小学教员方淑芬结婚。同年,税西恒与国民革命军第21军财政处长、川东税捐总局局长甘绩镛合股创办重庆第一家机制卷烟厂——"重庆大佛烟厂",设于大溪沟,生产"大佛"牌卷烟。后停业。

1929 年冬,从上海发来了向德国订购的卧式、立式水泵及电机等机器设备。在重庆靠岸卸设备时,跳板断,税西恒摔倒受伤,三根肋骨折断住院。

1930 年,税西恒与泸县同乡好友曾俊臣合资创办"重庆蜀益烟厂",生产"青天牌""大佛牌"香烟。因竞争失利而夭折。

1932 年,税西恒、方淑芬夫妇的独生女儿税鸿先出生,税西恒时年 43 岁。

1932 年,打枪坝自来水工程竣工,重庆自来水厂建成供水。至今那套供水系统仍供应着重庆市区 200 多万人的用水。

1934 年夏至本年秋,在灌县、岷江测量水文,任计划、技术责任。

1935 年 7 月至 1938 年 6 月,税西恒辞去重庆自来水厂工程师职务,应聘到了重庆大学筹建工学院。在重庆大学任工学院长、系主任、教授;修建了为教学所需的金属实验工厂,这为重庆大学工学院的巩固和发展奠定了良好的基础。

1936 年,税西恒在重庆大学教学寒假期间,自费勘测乌江中游川黔边沿彭水龚滩等地的水电资源,任技术责任,成功地完成了彭水龚滩历史上第一次勘测工作。同年,在乐山、大渡河测量水文,查勘,任技术责任。

1937 年,税西恒亲自设计建造的全石料兴建的三层重庆大学工学院大楼完工,成为重庆大学标志性建筑。

1937 年 12 月 28 日至 1938 年元旦,税西恒发起并参与以重大抗敌后援会的名义发起组织的开展农村抗日宣传活动。出版《五月专刊》,税西恒在专刊上发表《十个月抗战的收获》一文。

1939 年,税西恒修建的泸县洞窝水电站并入原国民党第 23 兵工厂。

1939 年 3 月下旬,税西恒等人组织第三次去巴县白市驿,到璧山来凤驿地区以兵役宣传为名,开展农村抗日宣传活动。

1939 年,私立重华法商学院创立(1946—1952),税西恒在校任职。

1939 年 12 月至 1942 年,税西恒在成都四川省临时参议会任参议员。

1940 年,税西恒在成都加入国民党。

1941 年 1 月至 1942 年 4 月,税西恒在成都川康经济建设委员会任调查设计主任。

1941 年冬天,税西恒任川康经济技术室主任后,延揽李斌都、赵生信、唐云鸿、冯路先、熊光义等专家赴边远地区考察;编辑了川康五年和十年经济建设规划;组织编制了《川康经济建设五年计划》。

1942 年 4 月至 1945 年 6 月,税西恒在重庆川康兴业公司,任技术室主任。

1943 年秋,徐冰、熊扬、张兴富等联系周均时、税西恒、何鲁等联名发起创办蜀都中学。税西恒担任副董事长兼校长。

1944—1945 年，税西恒和重大学生颜又新、徐士亮三人就《世界日报》版面开辟《积极评论周刊》栏，仅出了九期，就被重庆市社会局勒令停刊。

1944 年 11 月，税西恒和抗战时期从各地来到重庆的部分文教科学技术界的精英人士响应中共"立即结束国民党一党专政，成立民主联合政府"，以利团结抗日的主张，发起"民主科学座谈会"，主张发扬"五四"反帝反封建和民主科学的精神，要"团结、民主，抗战到底"。

1945 年 4 月至 1949 年 12 月，税西恒在重庆蜀都中学，任校长。税西恒还担任过中国公学大学部代校长，重华学院院长及四川甲种工业学校教授，他在校五年未要过一分报酬。

1945 年 9 月 3 日，为庆祝抗日战争和世界反法西斯战争的伟大胜利，改建"九三学社"。

1946 年 1 月 9 日，为促进政治协商会议的召开，九三座谈会举行扩大座谈会。成立了"九三学社筹备会"。5 月 4 日，九三学社成立大会在重庆召开。公推褚辅成、许德珩、税西恒为主席团。大会发表了《九三学社缘起》《成立宣言》《对时局主张》等文件，税西恒当选为理事。

1946 年 5 月，税西恒担任四川灌县水电站设计师，完成工程设计，因无法开工，愤而辞职。

1946 年 6 月 2 日，税西恒联合重庆市各界人士 4 000 多人集会，呼吁停止内战，实现和平。同年，税西恒以"九三"学社名义约集重庆 21 个人民团体联合发表声明，呼吁全国同胞团结起来，制止国民党伪"国大"的召开。

10 月 27 日，九三学社重庆分社在税西恒家中成立。重庆解放后不久，在中共西南局统战部的关怀下，九三学社重庆分社筹备小组正式成立，税西恒等 9 位同志为小组成员。重庆分社成立后，九三学社总部迁往北平。

11 月 10 日，九三学社重庆分社参加渝人民团体呼吁全民停止伪国大。

1947 年，税西恒、谢立惠等九三学社领导人与重庆数万名学生并肩战斗，一起走在"反饥饿、反内战、反迫害"的游行队伍中。5 月，他们在中共地下组织的领导下在重庆等地举行了"五四"纪念活动。

1947 年 4 月至 1950 年 5 月，税西恒在重庆重华法商学院任院长。

1949 年 2 月，熊克武、但懋辛等在重庆组建中国公学。税西恒在中国公学大学部任代理校长。

1950 年至 1954 年，税西恒任重庆各界人民代表大会代表。

1950 年 6 月至 1951 年 6 月，税西恒任重庆市自来水厂经理。

1950 年 11 月，税西恒为北京九三学社中央理事。

1950 年至 1954 年，税西恒任重庆各界人民代表大会代表。

1951 年 6 月至 1959 年,税西恒任重庆自来水厂总工程师。

1951 年 8 月,税西恒任重庆九三学社重庆分社主任委员。

1951 年税西恒参加全国政协第一届第三次会议时,朱总司令亲到北京饭店话旧,称赞他为中国实业建设出力不少。

1951 年至 1955 年,税西恒任西南军政委员会文教委员会委员。

1951 年 9 月 3 日上午,九三学社重庆分社成立大会在会仙楼的皇后餐厅隆重召开。与会人员代表 22 名社员推选税西恒为理事,并组成理事会。

1951 年 10 月,税西恒列席北京政协全国委员会第三次会议。

1951 年至 1955 年,税西恒任西南军政委员会文教委员会委员。

1951 年至 1959 年,税西恒任中苏友好协会重庆分会副主席(第一、二届)。

1952 年至 1959 年,税西恒任世界和平大会重庆分会委员(第一、二届)。

1952 年 9 月,税西恒任北京九三学社中央常务委员。

1953 年至 1955 年,税西恒为重庆市各界人民代表政治协商委员会委员。

1953 年 2 月,九三学社重庆分社召开社员大会,选举产生第二届九三学社重庆分社委员会,主任委员由税西恒担任。

1953 年至 1955 年,税西恒为重庆市各界人民代表政治协商委员会委员

1953 年至 1955 年,税西恒任四川省人民政府委员。

1953 年,中央水利视察团到泸县视察了洞窝水电站的工程,特呈报中央给税西恒颁发了奖状。

1954 年至 1957 年,税西恒任四川省人民代表大会代表(第一届)。

1954 年至 1957 年,税西恒任四川省人民委员会委员(第一届)。

1954 年至 1959 年,税西恒任重庆市人民代表大会代表(第一、二、三届)。

1954 年至 1959 年,税西恒任重庆市人民代表委员会委员(第一、二、三届)。

1955 年至 1959 年,税西恒任政协重庆委员会副主席(第一、二、三届)。

1955 年至 1959 年,税西恒任政协全国委员会委员(第二、三届)。

1955 年至 1959 年,税西恒任政协四川省委员会委员(第一、二届)。

1956 年 2 月 9 日—16 日,九三学社召开第一届全国社员代表大会。大会选举产生了第四届中央委员会,税西恒为常委。

1956 年 11 月,九三学社中央常委、重庆分社主任委员税西恒到贵阳视察社务工作,并向社中央汇报了贵阳分社筹备工作情况。

1957 年至 1959 年,税西恒任中国科普协会重庆分会委员。

1980 年 6 月 18 日,著名水电工程学家,全国人大第三、五届代表、全国政协二、三届委员,九三学社创始人之一,历任九三学社理事,常务理事、副主席税西恒逝世。